KB174983

북경,
마시고
마시고

베이징 메이트의 낮 따라 밤 따라 마시러 떠나는 여행

북경, 마시고 마시고

초판인쇄 2019년 8월 5일
초판발행 2019년 8월 5일

지은이 몽림, 안정은
펴낸이 채종준
기획 · 편집 신수빈
디자인 김예리
마케팅 문선영

펴낸곳 한국학술정보(주)
주소 경기도 파주시 회동길 230(문발동)
전화 031 908 3181(대표)
팩스 031 908 3189
홈페이지 http://ebook.kstudy.com
E-mail 출판사업부 publish@kstudy.com
등록 제일산-115호(2000. 6. 19)

ISBN 978-89-268-8883-4 13980

이 책은 한국학술정보(주)와 저작자의 지적 재산으로서 무단 전재와 복제를 금합니다.
책에 대한 더 나은 생각, 끊임없는 고민, 독자를 생각하는 마음으로 보다 좋은 책을 만들어갑니다.

一饮，北京

몽림·안정은 지음

북경, 마시고 마시고

베이징 메이트의 낮 따라 밤 따라 마시러 떠나는 여행

이담 Books

Prologue

몽림

북경을 간다고? 상해도 아니고…

이직해서 북경을 간다는 소식을 전했을 때 대부분의 반응이었다.
"북경? 왜 북경? 거기 뭐가 있다고." 사실 나도 몰랐다.
광고회사를 다니던 사람이,
그것도 아트 디렉터가 북경에 가는 것은 큰 결심이 필요한 일이었다.
언어와 인터넷의 장벽으로 인해 중국의 광고를 본 적도,
북경의 미술이나 디자인에 관해 아는 것도 없었다.
관광 정보나 정치 · 경제 뉴스가 아닌,
지금 중국을 사는 일반 사람들이 보고, 만들고, 느끼고, 즐기는 것들.
미적 감각이나, 디자인 수준, 스타일, 취향, 문화 같은 것들.
무슨 생각으로 갔냐고 묻는다면 나도 잘 모르겠다.
문화적으로 앞선 유럽, 기술이나 규모에서 겨룰 수 없는 미국,
뛰어난 디자인에 감탄하게 되는 일본이나 대만보다, 잘 모르는 북경이 궁금했다.
비행기 타고 두 시간이면 가는 아주 가까운 대국의 수도인데도,
하나의 물음표로 남아 있는 미스터리한 도시.

도착한 첫날. 북경은 많은 사람의 걱정과 달리,
미세먼지 하나 없이 쾌청한 봄 날씨를 뽐냈다.
햇살을 받아 하늘 위로 뻗은 울창한 가로수는 아름다웠고,
그 아래 자전거와 스쿠터가 드넓은 도로에 엉켜 달리고 있었다.
한 달간 머물기로 한 에어비앤비에 짐을 놓고 일단 길을 나섰다.
비자가 늦어 첫 출근 바로 전날에야 북경에 발을 디딘 것이었다.
다음 날 출근길에 익숙해지려고 걸어간 곳의 끝은
유니클로, 애플스토어, 스타벅스 등
강남이나 압구정과 크게 달라 보이지 않는 거대 쇼핑 거리였고,

그곳에는 최신 트렌드의 의상을 입고 자태를 뽐내는 중국의 힙스터들이 있었다.
간판이 영어라 용기를 내 들어갔던 한 북카페에서의 첫 식사는
만두도, 탄탄면도 아닌 콥샐러드.
콥샐러드에 아이스 아메리카노를 마시며 생각했다.
북경살이, 괜찮겠네.

북경의 첫인상은 이랬다.
예상과는 많이 달랐고, 기대보다 훨씬 좋았다.

북경을 오라고? 상해면 몰라도…

북경의 매력에 푹 빠진 북경 예찬자가 되어
친구들에게 북경 방문을 권유(강요)하자 돌아온 대답은 대체로 비슷했다.
"북경? 북경은 좀…."
내가 북경에 오기 전까지 이곳을 역사책에서만 접한 오래 묵은 도시로 알고,
혹은 관심조차 없었던 것처럼 많은 사람이 같은 생각인 듯했다.
검색해보니 북경에 대한 책은
상해나 홍콩 같은 중국의 다른 도시에 비해 현저하게 적었다.
북경의 좋은 공간을 소개해서,
지금 북경의 매력에 대해 알리고 싶다는 생각이 들었다.
북경에서 만난 최고의 친구, 베이징 메이트 안정은에게
북경의 매력을 기록해보자고 했다.

끝없이 변화하고, 오래된 매력 위에 새로움이 쌓이고,
언제나 새로운 가게와 이벤트가 열리는 도시, 북경.
그런 북경을 한 모금, 조심스레 건네 본다.

Prologue

안정은

북경살이 9년 차, 미처 보지 못했던 북경

북경에 처음 발을 디딘 지 벌써 9년째.
대륙의 규모에 놀라 하루가 멀다고 사진을 찍던 모습은 사라지고,
이 도시는 익숙한 곳이 되었다.
마라탕과 훠궈는 나의 일상 속 평범한 점심 메뉴였고,
자금성은 한국에서 출장자가 오면 가이드를 해주는 일터일 뿐이었다.

그러던 중 함께 프로젝트를 하며 친해진 회사 동료 몽림이
북경의 좋은 장소들을 한국에 소개하면 어떻겠냐고 제안했다.
솔직히 말하면, 그녀의 제안에 설렘보다는 의구심이 먼저 들었다.
톈안먼, 자금성 외에 북경의 어디를 소개할 수 있을까?
한국에 트렌디한 바와 카페가 얼마나 많은데,
중국에, 그것도 상해도 아닌 북경에 관심을 가져줄까?

하지만 그러한 의심도 잠시, 북경 탐방을 시작하자
익숙함 속에 나도 모르게 과소평가했던 북경이 다시 보이기 시작했다.
처음 북경에 온 날 엄청난 규모로 나를 설레게 했던
구어마오의 스카이라인은 끝이 보이지 않을 만큼 넓어졌고,
후통의 회색 담벼락은 빈티지 감성에 모던함까지 더해져 예술적 감각을 뿜어냈다.
길모퉁이마다 보지 못했던 북경의 새로움이 가득했고,
많고 다양해진 카페와 바는
젊은 소비자들과 호흡하며 계속해서 활기를 만들어갔다.

편견을 가지고 바라보면 무엇도 아름다울 수 없다는
근본적인 가르침을 다시금 깨달으며
내가 느낀 이 감정을 사람들에게
더 자세하고, 생생하게 전달해주고 싶다는 욕심이 생겼다.
지레짐작으로 생각하던 '촌스러운 북경'이라는 갇힌 프레임이 아니라,
한 발자국 더 들어가면 미처 몰랐던 '황홀한 북경'이 있다는 것.
그러한 현재의 북경을 보여주고 싶었다.

그래서 우리는 마시러 다녔다.
여행지에서의 음식은 로컬의 향취와 역사가 더 많이 묻어나야 하는 반면,
커피와 술 등의 마실 거리는 전통 지역색에 대한 장벽이 낮고,
젊은 층들의 취향이 상대적으로 더 많이 반영되어 있어
북경의 트렌드를 보기에 더 적합했다.
아니, 사실은 그냥 마시는 게 좋았던 건지도 모르겠다.
낮에는 세련된 카페와 고즈넉한 찻집이 가득한 감성적인 북경이,
밤에는 고급스러운 위스키 바와
감각적인 크래프트 맥줏집이 즐비한 열정적인 북경이 있었다.

햇수로는 9년,
강산이 변했을 법한 그 시간을 북경에서 보내며
일상에 치여 자칫하면 놓쳤을 새로운 북경을 알게 해준 베이징 메이트 몽림.
그녀가 없었다면 시작하지도, 완성할 수도 없었던 이 여정에 초대해줘서
감사하다는 이야기를 꼭 전하고 싶다.

Contents

⁄ 색다른 경험을 즐기는 테마 카페

⁄ 디저트와 식사를 겸비한 카페

/ 북경의 공원

북경 여행 전 알아두어야 할 정보

/

필수 앱

위챗

앞으로 북경에서 나의 상사가 될 분의 연락처를 받고 나서 그분이 나에게 한 첫 질문은 "혹시 WeChat 있어요? 있으면 편한데…"였다. 위챗을 검색해 다운로드를 누르고 낯선 초록색의 네모가 스마트폰 화면에 자리 잡는 모습을 보며 '내가 중국에 가는구나!' 하는 실감이 처음 들었다. 카카오톡과 비슷하지만 묘하게 다른 인터페이스와 텅텅 빈 친구 목록이 타지로 떠나는 내 상황을 보여주는 것 같았다.

중국에 짧은 여행을 가든, 보다 길게 생활을 하러 가든 가장 먼저 할 일은 위챗 계정을 만드는 것이다. 위챗은 중국에서 스마트폰을 가진 사람이라면 누구나 사용하는 메신저이고, 내부의 결제 시스템인 WeChat Pay는 가장 활발하게 이용되는 결제 수단이다. "중국에는 거지도 구걸을 위챗으로 한대"는 과장된 말이 아니다. 현금과 카드는 찾아보기 힘들어졌다. 한 중국인 친구는 마카롱을 우물거리며, 아버지의 가죽 제품 사업에서 지갑 판매가 반 토막이 나 사업을 접어야 할 수준이라고 이야기했다. 그밖에도 중국에서 사용하는 지도, 맛집, 예매, SNS 등 다양한 모바일 서비스를 사용할 때 위챗으로 가입을 하게끔 되어 있는 경우가 많다. 또 인터넷 검열이 심한 중국에서는 가끔 카카오톡이 안 될 때가 있어서 떠나기 전에 가족이나 가까운 친구들에게는 함께 계정을 만들어 달라고 부탁하는 것도 좋다. 흔한 일은 아니지만 비상 상황이 생겼을 때 카카오톡이 안되면 난감해지기 때문에 깔아 두는 편이 안전하다.

위챗을 사용해서 의외로 편리하고 놀라운 점은 위챗 내부의 한-중, 중-한 번역이 굉장히 뛰어나다는 거다. 위챗 메신저 창 안에서 메시지를 꾹 누르면 번역을 해주는 기능이 있는데, 사용자가 많을수록 정확도가 올라가는 AI 번역의 특성을 생각하면 위챗의 정확한 번역은 서비스 사용자 수의 힘을 실감케 한다. 기본적인 대화는 물론이고 "헐", "대박" 같은 감탄사, 최신 유행어나 줄임말도 말맛을 살려 알맞은 중국의 유행어로 바꿔준다.

파파고

메신저로 대화할 때는 위챗을 사용하면 되지만 다른 경우에는 번역 앱이 출근길의 블랙커피처럼 소중하다. 북경에 도착하고 처음 몇 달간은 사람을 붙잡고 길을 물을 때도, 슈퍼에서 장을 볼 때도 번역기 앱을 항상 켜고 다녔다. 중국어 실력이 초보인 것도 문제였지만, 학원에서 배운 또박또박한 중국어와 현지의 빠른 말은 간극이 커서 알아듣기 너무나도 어려웠다. 다행히 사람들이 나의 느린 대화를 답답해하거나 짜증 내지 않고 기다려주었다. 구글 번역 서비스가 막힌 중국에서 파파고는 다른 앱들보다 한-중, 중-한 번역의 질이 괜찮은 편이다.

북경 사람들은 음성 인터페이스에 훨씬 친숙하다. 메시지를 보낼 때도 타자를 치기보다 음성으로 입력하는 모습을 더 자주 볼 수 있다. 더듬더듬하고 있으면 말을 통역해주는 앱을 직접 켜서 도와주기도 했다. 앱스토어에서 翻译(fānyì, 번역이라는 뜻)를 검색하면 한-중, 중-한 번역과 통역이 되는 앱도 만나볼 수 있다.

VPN(Virtual Private Network)

구글, 유튜브, 트위터, 인스타그램, 넷플릭스 등 한국에서 인터넷 생활의 대부분을 차지하던 서비스는 대체로 중국에서는 금지된 것들이다. 인터넷 검열은 구글 지도도 사용할 수 없게 만들어 버렸다. 생활은 그렇다고 쳐도(아니 사실 생활도 안 되지만) 광고를 만드는 일을 하는데 유튜브, 비메오, 구글 검색 없이는 불가능했다. 물론 사람들은 언제나 방법을 찾아낸다. VPN은 인터넷 보안성을 키우기 위해 접속 루트를 바꿔주는 기술로 중국에 사는 외국인들은 스마트폰과 컴퓨터에 꼭 필요로 하는 서비스다. 잠깐 여행을 가는 거라면 광고를 보고 이용할 수 있는 방식으로 서비스되는 무료 VPN도 있고, 몇 달 이상 머문다면 유료 서비스를 신청하면 된다. 검색창에서 VPN을 입력해보면 서비스별로 리뷰를 남긴 블로그들을 찾을 수 있다. 북경에 살면서 주기적으로 도는 루머 중 하나는 '곧 중국 정부에서 VPN을 전부 막는대!'라는 말이었다. 처음에는 듣고 패닉 했지만 살다 보니 두세 달에 한 번 도는 소문으로 치부하게 되었다. 일단 트럼프가 중국을 방문했을 때, 시진핑이 빌려준 VPN으로 트위터를 하고 있다고 트윗을 남겼으니까.

바이두 지도

VPN을 다운로드하면 구글 지도를 사용할 수는 있지만, 정보에 빈틈이 많고 정확도가 비교적 떨어진다. 따라서 정확한 길찾기를 위해서는 바이두 지도를 이용하는 것이 좋다. 가고 싶은 장소의 중국어 지명 또는 주소를 미리 메모장에 저장해놓고, 여행할 때 바이두 지도에 검색하면 어느 장소라도 쉽게 찾을 수 있다. 중국어만 지원하지만, 스마트폰 기술과는 거리가 먼 나의 어머니도 혼자 바이두 지도로 유명 관광지를 검색해서 찾아다니셨을 정도로 앱 자체의 인터페이스가 어렵지 않다. 버스/택시/도보/자전거 등 각각의 이동 방식은 구글 지도와 동일하게 아이콘으로 표시되어 있어 그림만 봐도 직관적으로 활용이 가능하다. 앱스토어에서 百度 地图(Bǎidùdìtú, 바이두 지도라는 뜻)를 검색하면 된다.

따종디엔핑

따종디엔핑은 중국의 트립 어드바이저 같은 서비스로 맛집이나 여행지를 검색할 때 매우 유용하다. 대다수의 중국 서비스가 그렇듯 중국어만 지원하지만, 광고글 없이 현지인들의 냉정한 평가가 그대로 반영된 맛집 추천 앱이라 간단한 정보와 사진을 보기 위해서라도 이용하면 좋다. 중국의 친구들도 따종디엔핑 별점만 믿고 가면 맛집은 무조건 성공한다며 애용하는 모습을 보여주었다. 본인이 직접 방문한 매장의 사진으로 인증하고 평점을 주는 시스템이라 업로드된 사진과 별점으로 매장의 분위기나 음식의 퀄리티를 가늠할 수 있다. 영업시간, 주소, 전화번호 등의 기본 정보와 함께 평점, 댓글과 방문자들이 직접 추천한 메뉴(推荐菜, tuījiàncài)까지 확인이 가능하다. 앱스토어에서 大众点评(Dàzhòng diǎnpíng)을 검색하고 위챗 계정으로 가입하면 된다. 이 책에 소개된 모든 카페와 술집도 디엔핑에서 바로 검색해 추가 정보를 볼 수 있다. 각 가게의 정보 페이지에 검색어와 링크 주소를 정리해 놓았다.

북경 여행 전 알아두어야 할 정보

/

유용한 팁

음식 주문

모바일 혁명을 이룬 중국답게 요즘 음식점에서는 위챗을 이용한 직접 주문 방식이 흔하다. 카페나 술집 테이블 한편에 붙어 있는 QR코드를 스캔하면 메뉴판 화면으로 이동한다. 메뉴 주문부터 결제까지 모두 위챗으로 할 수 있다 보니 종업원들은 주문 후 요리를 가져다주는 역할만 하는 경우가 생긴다. 현지인에게는 매우 편하고 간편한 시스템이지만, 중국어를 잘 모르고 위챗 결제가 불가능한 여행객들 입장에서는 당혹스럽다. 그럴 땐 종업원을 불러 도움을 요청하면 된다. 我是游客. 我没有微信支付(Wǒshì yóukè. Wǒ méiyǒu wēixìn zhīfù, 저는 여행객이라 위챗 페이가 안됩니다)라고 하면 메뉴판을 가져다주거나 본인들의 위챗으로 주문을 도와줄 것이다. 중국의 여러 음식점에서는 두껍고 큰 사진 메뉴를 가지고 있어서 의외로 수월한 것이 음식 주문이었다. 주문 시 유용하고, 간단한 중국어 몇 가지를 알아보자.

– 주문하려고 종업원을 부를 때

你好, 点菜 (Nǐ hǎo, diǎncài) 안녕하세요, 주문할게요.

有英文菜单吗? (Yǒu yīngwén càidān ma?) 영어 메뉴 있나요?

– 메뉴를 가리키며 주문할 때

这个一个 (Zhège yīgè) (가리킨 것) 이거 하나 주세요.

– 계산하려고 종업원을 부를 때

买单 (Mǎidān) 계산할게요.

북경의 숙소

중국에서 숙소를 잡을 때는 몇 가지 유의해야 할 점이 있다. 호텔 중에서 외국인은 받지 않는 곳이 있어(숙박 허가가 내국인용, 내/외국인용으로 다르다), 모르고 찾아갔다가 문 앞에서 돌아 나오는 불상사가 생길 수 있다. 국제적인 브랜드의 호텔이라면 대체로 문제는 없지만, 미리 호텔이나 예약 사이트에서 확인해야 한다.

호텔보다는 현지의 삶을 느끼고 싶어 에어비앤비를 선호한다면, 엄밀하게는 외국인 대상 에어비앤비는 불법임을 알아두어야 한다. 내국인 대상이 불법인 한국과 반대다. 규제를 엄격하게 하지는 않아서 단기간 머물 예정이라면 큰 문제는 없다. 하지만 장기 체류할 경우에는 또 다른 문제가 발생한다. 중국에 오는 모든 사람은 경찰서에 가서 임시거주 등록을 해야 하는데(단기 체류라면 하지 않고 넘어가더라도, 장기 체류 시에는 문제가 생길 수 있다), 이에 필요한 서류와 증명이 한두 가지가 아니다. 호텔에 가면 체크인 시 자동으로 처리되지만, 에어비앤비의 경우 직접 경찰서에 가서 해야 한다. 경찰서에는 영어를 하는 사람이 거의 없다.

한국에서 비자를 받으며 경찰서에 가서 거주지를 등록하라는 가벼운 안내에 큰 걱정 없이 갔다가, 중국어가 너무나도 짧았던 내가 경찰서에 가서 직원분과 서로 이해할 수 없는 말을 하며 땀을 뻘뻘 흘린 기억이 있다. 에어비앤비가 보편적이지 않아서 서비스를 모르는 경찰과의 혼란을 겪었고, 에어비앤비에서 내주는 영수증은 중국 공식 영수증인 파피아오(发票, fāpiào)와 달라서 받아주지 않았다. 결국, 도착 후 48시간 내 등록해야 하는 시간제한도 지키지 못했고, 3일 내내 경찰서로 출근하다시피 하다가 우연히 영어를 하는 경찰대생을 만나 도움 끝에 겨우 성공했다. 그 친구를 알게 된 덕에 부동산 투어도 함께 해주고 이케아에도 데려다주어 결국에는 북경에 정착하는 데 큰 도움을 받았지만, 다시는 장기로 에어비앤비 숙소를 잡지 말라는 충고도 들었다. 따라서 단기로 여행할 경우에는 에어비앤비에 도전해도 괜찮지만, 장기 체류라면 호텔을 이용하는 것이 좋다.

안전

많은 한국인의 우려와는 달리, 북경은 안전하다. 외국의 대도시에서 흔히 일어나는 소매치기도 북경에서는 보기 드물다. 중국 정부는 중국을 대표하는 북경, 상해 등의 대도시에서 미풍양속을 저해하는 모습을 꺼리기 때문에 밤낮으로 이를 철저히 감시하고 예방한다. 집을 알아볼 때 부동산에서 자꾸 1층 집을 보여주어서, 여자 혼자 사는데 1층은 꺼려진다고 하니 무슨 말인지 잘 이해하지 못하는 반응을 보였다. 북경의 도심에서 안전 걱정은 없다는 뜻이다. 북경에 거주하는 외국인 친구들도 세계에서 가장 안전한 도시 중 하나가 북경이라고 이야기한다.

다만 여행객티를 내는 외국인을 노리는 관광지의 사기꾼을 조심해야 한다. 자금성, 천안문 근처에서는 인력거 투어를 해주겠다고 꼬드긴 다음 한적한 곳으로 가서 어마어마한 가격을 요구하기도 한다. 왕푸징(王府井, wángfǔjǐng)에서 외국인들에게 영어로 접근해 간단한 투어를 해준 뒤 찻집으로 데려가서 찻값이라며 몇십만 위안을 내놓으라고 했다는 경험담을 간간이 들었다. 작년에 중국을 방문한 친구도 사기꾼에게 잘못 걸려 사기를 당했다. 찻값으로 6,000위안(한화 약 100만 원)을 낸 후 중국의 차는 원래 이렇게 비싼가 보다고 생각했단다. 잠시 후 사기를 당했다는 걸 깨닫고 공안(Gōng'ān, 시내 질서를 지키는 경찰)을 통해 사기꾼을 잡았지만, 하마터면 여행 경비를 하루 만에 모두 잃을 뻔했다. 왕푸징은 한국의 명동처럼 관광객이 많은 지역이라 더욱이 이런 사기를 당하지 않도록 유의해야 한다.

환전

북경은 신용카드가 활성화되어 있지 않다. 금융 거래가 2000년대에 현금에서 신용카드로 넘어가고, 최근에는 모바일로 이루어지고 있다면 중국은 상대적으로 낙후한 2000년대 초반을 지내며 신용카드가 보편화되지 않았다. 대신 경제적 호황을 누리기 시작한 2010년부터 모바일 혁명이 중국 전역을 휩쓸며 현금에서 모바일 결제로 바로 넘어갔다. 모두가 위챗 계정을 가지고 있고, QR코드를 스캔만 하면 결제가 되는 시스템의 편리성에 먼저 익숙해진 중국 사람들에게 은행의 까다로운 절차를 통해 발급받아야 하는 신용카드가 환영받지 못하는 것은 어찌 보면 당연한 일이다.

대도시인 북경에서도 신용카드를 받지 않는 레스토랑, 카페, 술집이 많다. 현금 인출도 Visa나 Mastercard가 아닌, Union Pay가 적힌 현금카드만 가능한 ATM도 많기에 중국 여행에서 충분한 환전은 필수다. 위챗 페이는 아직 해외 계좌는 서비스하지 않기 때문에 중국 계좌가 없는 여행객은 별수 없이 현금을 써야 한다. 위챗 페이가 대중화되면서 현금을 가지고 다니지 않는 중국인이 많아서 잔

돈을 돌려받기 힘든 상황이 생길 수도 있다. 택시나 레스토랑에서 계산할 때 이런 일이 일어나지 않도록 100위안 외에 작은 단위의 화폐도 함께 준비하는 것이 좋다.

한눈에 보는
랜드마크 특징

싼리툰(三里屯, Sānlǐtún)

지금 북경에서 가장 핫한 곳을 꼽으라면 싼리툰이다. 거대한 애플스토어, 유니클로 매장, 스타벅스가 가장 먼저 눈에 띄는 싼리툰은 큼직큼직한 건물과 광장에서 앞다투어 벌어지는 프로모션, 과감한 패션으로 오가는 사람들을 향해 터지는 대포 카메라의 플래시까지, 확실히 지금 북경에서 가장 화려한 곳이라고 할 만하다. 매일같이 술집과 커피숍이 문을 닫고 새로 들어서기도 해, 몇 주만 소홀해도 금방 낯설어진다.

대사관이 모여 있는 지역으로 하나둘씩 '서양식' 가게가 들어서면서 번화한 곳이라 전통적인 중국과는 거리가 멀다. 매서운 겨울에도 뜨거운 여름에도 한 시간씩 줄을 서서 먹는 치즈 크림티라는 신메뉴를 파는 쌔끈한 찻집과 테이크 아웃 모히토를 파는 허름한 부스가 공존하는 싼리툰은 카오스적인 매력이 있다. 어쩌면 그게 바로 전통과 최첨단이 뒤섞인 거대한 도시 북경을 대표하는 이미지다. 회사가 싼리툰에 있다는 건 북경에서의 첫 번째 행운이었다. 생활하기에는 편리하고 놀기에는 가장 신나는, 낮에도 밤에도 먹거리와 마실 거리가 넘쳐나는 곳이기 때문이다. 드라마로 접하던 미국의 오피스 문화와 비슷하게 중국의 일터도 개인주의 성향이 강하다. 팀원들이 모여 밥을 먹기보다는 휴게실에서 각자 가져온 도시락을 먹거나 간단하게 편의점이나 배달 음식으로 해결하는 직원들이 많다. 덕분에 자유로워진 점심시간에는 동료나 친구와 따로 약속을 잡지 않을 때면 주변을 산책하곤 했다. 팝업스토어, 각종 브랜드의 마케팅 이벤트, 새로 오픈한 가게 홍보 등 이벤트가 끊이지 않아 매일 둘러보아도 항상 새로움을 만날 수 있는 곳이 바로 싼리툰이다.

CBD

CBD는 Central Business District의 약자로 구어마오(国贸, guómào)를 중심으로 이루어진 각종 기업, 호텔, 상업지구가 밀집한 지역이다. 다양한 국제 기업들이 많아 외국인들이 가장 출퇴근을 많이 하는 지역이기도 하다. 렘 콜하스(Rem Koolhas, 네덜란드 태생의 저명한 건축가로 한국의 서울대학교 미술관을 설계하기도 했다)가 설계한 개성 강한 문제작인 CCTV 건물과 천장을 덮은 긴 스크린으로 알려진 야외 쇼핑 구역 더 플레이스, 그리고 루이뷔통의 미술관이 방문하기 좋다. 고층 건물들이 띄엄띄엄 위치해 거대한 구역을 차지하는데, 그 거대한 구역이 모두 하나의 지하 통로로 연결된다. 면적을 가늠할 수 없는 거대한 지하 공간은 통로이자 명품 쇼핑 단지이기도 하다. 코엑스에서도 금세 길을 잃어

버리는 사람이라면 이곳은 더욱 헤매기 쉽다. 하지만 반짝이는 하얀 대리석 길과 휘황한 쇼윈도들 사이에서 무더위나 추위를 피해 시간을 보내기에는 나쁘지 않다. 럭셔리한 카페나 디저트 샵도 많고 지금도 구역을 넓히는 공사가 진행 중이다. 대체로 로컬 가게들보다는 대형 체인 브랜드가 많다.

한국문화원이 이쪽에 있어서 가끔 책을 빌리러 가기도 하고, CBD에서 일하는 친구들과 한 달에 한 번 점심 식사 모임이 있어 자전거를 타고 다녀가기도 했다. 특히 고급스러운 레스토랑을 운영하는 호텔이 많다. 평소에는 가기 어렵지만 매년 봄에 열리는 Beijing Restaurant Week에는 놀랍도록 저렴한 가격에 코스요리를 맛볼 수 있다. Dining City라는 앱을 이용하면 되는데, 굉장히 좋은 행사임에도 생각보다 널리 알려지지 않아 예약이 어렵지 않다. 이 기간을 잘 활용하면 일 년 중 가장 입과 배가 행복한 시간을 보낼 수 있다.

량마챠오(亮马桥, Liàngmǎqiáo)

네온 찬란한 젊은이들의 거리 싼리툰을 지나 북쪽으로 10분 정도 걸으면 각국의 대사관들이 모여 있는 량마챠오가 나온다. 북경에서 가장 국제화된 지역이라는 별명답게 이곳을 걷다 보면 어렵지 않게 다양한 국적의 사람들을 많이 만

날 수 있다. 또한 세계 곳곳의 식품, 향신료를 살 수 있는 북경 최대 수입식품 시장 '씬위엔리(新源里, xīnyuánlǐ)'도 여기에 있다. 량마챠오 다리를 중심으로 오른편에는 유명 글로벌 호텔 체인이 밀집해 있고, 왼편에는 일본인들이 일찌감치 터를 잡으며 일본식 선술집과 위스키 바가 분포해 있다. 이곳 분위기는 북적한 싼리툰과 달리 조용하고 차분하다. 최근에는 특유의 분위기에 매료되어 북경의 유명 크래프트 맥줏집들이 하나둘씩 자리 잡으며, 북경의 새로운 밤거리를 만들어냈다.

후통(胡同, Hútòng)

북경 방문을 결심하고 이것저것 검색하다 보면 '후통'이라는 단어와 자주 마주치게 된다. 후통이란 쉽게 설명하면 중국 전통 가옥인 사합원이 모인 거리, 그러니까 북촌의 한옥마을 같은 곳이다. 다만 북경에는 후통이 하나의 지역이나 마을에 집중된 것이 아니라 도시의 중심부에 넓게 퍼져 있다. 상해의 유럽식 건축물이나 빌딩 숲 야경이 주는 메트로폴리탄적 매력과는 또 다른, 전통적인 중국의 모습을 간직한 북경만의 자랑이다. 기와지붕의 단층식 건물을 둘러싼 회색 벽돌담이 죽 늘어진 좁은 거리는 여전히 많은 주민의 생활터를 이루고 있어 중국인의 일상을 엿볼 수 있다. 동시에 골목골목 발 빠르게 들어선 커피숍, 술집,

그리고 아기자기한 가게들로 한 골목에서 한나절을 보내도 모자라는 '힙 터지는' 거리이기도 하다. 사합원의 구조를 살리면서 센스 있게 리모델링한 칵테일 바들, 손바닥만한 공간에 알차게 자리 잡은 젊은 바리스타들, 오랜 전통의 기술과 동시대 작가들의 안목으로 빚어낸 공예품을 들인 가게들로 북적이는 후통은 낮부터 밤까지 어느 시간에 가도 재미있다.

후통만의 독특한 매력은 현지인과 외국인들을 모두 사로잡았다. 오래된 사합원을 개조해 만든 로프트는 굉장히 인기가 많다. 낡고 좁은 거리가 주는 소박한 이미지와는 달리 후통 지역은 북경에서 가장 땅값이 높은 곳이기도 해서 방을 구하기가 쉽지는 않다. 신식으로 고친 집들도 있지만, 전통적인 집 구조를 유지한 곳들도 많은데, 화장실이 바깥에 위치해 있다는 불편함을 무릅쓰고도 지내는 외국인들이 많다. 후통에 살면서 불편한 전통 화장실 대신 헬스장을 끊어 아침마다 헬스장에서 씻고 하루를 시작한다는 사람들의 이야기를 들으면 엄두가 안 나기도 하지만, 후통이 그만큼 매력적인 곳이라는 뜻일 거다.

호하이(后海, Hòuhǎi)

난뤄구샹(南锣鼓巷, nánluógǔxiàng)에서 시작해 퍼져나가는 후통 구역은 북경

의 대표적인 관광지 중 하나다. 전통적인 공예품, 다양한 기념품, 거리 음식과 디저트 샵이 가득 찬 거리와 언제나 북적이는 사람들은 인사동과 비슷하다. 패키지가 예쁜 과일 차, 화과자와 비슷한 중국 전통 디저트, 예쁜 부채나 우스운 오브제 등 북경스러운 기념품을 사기 위해 한국 방문 전마다 들르곤 했다.

후통의 북적임을 따라 걷다 보면 시내 중심의 호수공원 호하이가 나온다. 사람이 빽빽한 후통의 거리에서 천천히 인파를 따라 걷다가 호수를 만나면 눈과 가슴이 탁 트이는 기분이다. 13세기 원나라 때 조성된 호하이는 700여 년의 역사를 자랑한다. 아주 오랜 시간을 지나온 호수는 북적이는 사람들과는 달리 무심하고 잔잔하게 빛난다. 호수 한가운데에는 노를 젓는 가족들, 오리배의 페달을 밟는 청춘들이 보인다. 호수를 둘러 만들어진 산책로를 따라 천천히 걸으면 후통에서 지나온 번잡함이 씻겨 내려가는 것 같다.

호하이는 북경에서 낮과 밤이 가장 다른 장소로 꼽히는 곳으로 야누스의 두 얼굴처럼 낮, 밤을 가르며 새로운 얼굴이 된다. 아름답고 잔잔한 물결 위 노를 젓는 사람들과 버드나무 아래를 산책하는 정취 있는 공간이던 낮과는 달리, 밤에는 화려한 야경이 거리를 밝히고 라이브 밴드의 음악과 들뜬 사람들의 소리로 북적이는 유흥의 장소로 탈바꿈한다. 하나둘씩 불이 켜진 술집과 노점상들의 조명이 호수에 비쳐 어른거리는 아름다운 모습에 흥이 올라서 절로 어깨가 들썩이고 목소리 톤이 높아진다. 거리 음악에 들뜬 사람들과 함께 보내는 밤은 한껏 낭만적이다.

호하이의 낮과 밤이 다른 것처럼, 여름과 겨울의 모습도 확연히 다르다. 겨울이면 영하 15도까지 내려가는 북경 날씨에 호수가 꽁꽁 얼어 뉴욕의 록펠러 센터 같은 도심 속 스케이트장이 된다. 실내 아이스링크만큼 빙질이 좋지는 않지만 눈 내린 호하이의 풍경을 보며 스케이트를 타는 재미가 쏠쏠하다. 스케이트 외에도 호하이만의 특색 있는 겨울 스포츠를 즐기고 싶다면 얼음 자전거를 추천한다. 개 썰매를 개조한 듯한 모습의 얼음 자전거는 스피드와 스릴 넘치는 즐거운 호하이만의 명물 놀잇거리다.

치엔먼(前门, Qiánmén)

북경에서 가장 유명한 관광지는 몇천 년간 중국의 중심이었던 자금성과 현재 중국의 중심인 톈안먼 광장이다. 이 둘을 뒤로 하고 5분 정도 걸어가면 자금성을 둘러싼 내성(内城)의 출입문 치엔먼이 나온다(내성은 현재 대부분 철거되고, 치엔먼과 자금성 북쪽의 더셩먼만 남아 있다). 문을 경계로 안쪽은 황제의 공간이었지만 문밖은 전국 각지의 장사꾼들이

모여든 상인의 거리였다. 골목마다 제각각의 상점과 음식점이 들어섰고, 그 중 북경 오리의 대명사인 취엔쥐더(全聚德, quánjùdé)와 청나라 때부터 300년이 넘게 명맥을 이어온 만두 가게 두이추(都一处, dūyíchù)는 지금까지도 치엔먼의 명소로 굳건히 자리를 지키고 있다.
오랜 역사 탓에 다소 지저분하고, 좁은 골목에 무계획적으로 들어선 가게들이 불편하다는 인식이 많아 2015년 젊은 예술가와 디자이너들이 모여 후통 개선 프로젝트를 진행했다. 이후 외국 기업들의 투자가 이어져 현재는 'Play Beijing'이라는 현대식 문화 복합구역이 조성되어 전통과 현대가 한 발짝 너머로 존재하는 북경의 명소가 되었다. 치엔먼을 보려는 관광객, 전통 먹거리를 찾아다니는 거리의 인파, 각종 놀 거리와 볼거리를 즐기려는 트렌드 세터들이 모여 인산인해를 이룬다.
동시에 이는 젊은 예술가들의 스튜디오가 모여 있던 후통의 집값이 올라가면서 오히려 이들을 떠나게 한 젠트리피케이션을 부르기도 했다. 예술가를 꿈꾸며 중국 고대 미술 딜러로 일하는 친구에게 집세가 올라 치엔먼의 후통에 있는 자신의 작업실에서 나갈 수밖에 없었던 일화를 들었다. 개선과 개발의 한 끗 차이가 동시에 만들어낸 누군가의 희극과 누군가의 비극은 치엔먼을 둘러싼 많은 사람과 가게들을 한 번 더 돌아보게 한다.

798 예술구(798 Art District)

1950년대에 만들어진 공장단지의 이름을 그대로 따온 798 Art District는 북경에서 가장 크고 유명한 미술 지구다. 옛 공장을 그대로 살린 인더스트리얼한 건축물과 중국의 현대 미술이 만난 이 거대한 구역은 오직 북경만이 가진 자랑거리다. ABCD 네 구역으로 나뉜 798는 규모가 어마어마해서 온종일 돌아도 수

많은 미술관, 갤러리, 편집숍 등을 돌아보기엔 역부족이다. 미술관과 갤러리를 둘러보다가 지치면 들를 만한 커피숍과 찻집도 많다.

회사에서 새로운 프로젝트를 시작할 때나, 프로젝트가 끝나 낮에 시간적 여유가 생기면 팀원들과 가장 많이 방문했던 곳이 798 예술지구다. 언제나 새로운 기획을 짜고 아이디어를 내야 하는 크리에이터로 일을 하다 보니, 가지고 있는 자원이 고갈되어가는 느낌을 받을 때가 많다. 그래서 시간이 날 때 미리 저장 창고를 채워두는 느낌으로 전시나 공연, 무엇이든 생각의 회로를 반짝여줄 것을 찾아다니게 된다. 영감을 찾아 헤매는 이들에게 798은 너무나도 좋은 장소다. 볼거리를 충족해주는 다양한 미술관과 수많은 갤러리, 톡톡 튀는 아이디어 상품이 가득한 편집숍과 장인의 손을 거친 공예품 가게가 끝없이 이어진다. 길거리는 화보 촬영 중인 아티스트와 미대생들로 활기가 넘친다.

전시는 중국의 신진 아티스트들의 작품부터 해외의 유명한 작가까지 다양하다. 각국에서 자기 나라의 예술을 소개하고 전파하기 위한 문화 공간도 운영한다. 현대자동차에서 이곳에 현대 모터 스튜디오 북경점을 열기도 했다. 이렇게 많은 장소가 한 구역에 모여 있다는 건 큰 축복이라, 한때 이 구역을 없애려던 정부의 계획으로부터 798을 지켜낸 북경의 예술가들에게 감사함을 느낀다.

북경의 낮에 반하다

C5c
WATCH

낭만 가득 분위기 좋은 카페

Info

차오양취 싼리툰 시오지아 5호 F동 C5 Space
朝阳区三里屯西五街5号院F座C5 Space内
chaoyangqu sanlitun siwujie wuhaoyuan Fzuo C5 Spacenei

(+86) 10–5844–3705

10:30–19:30 (월–일)

This is C5 cafe
http://www.dianping.com/shop/18310766

C5 아메리카노(C5 咖啡), 딸기 팬케이크(杂莓香蕉枫糖松饼)

/

Cafe C5

C5 咖啡

C5 kāfēi

디자이너들의 로망이 담긴 공원 속 카페

복잡한 싼리툰의 중심지에서 북쪽으로 벗어나면 대사관이 밀집한 지역이 있다. 오래된 가로수가 죽 늘어선 햇살이 눈 부신 거리를 지나면 다양한 국적의 레스토랑이 모여 있는 작은 거리가 나온다. 사람이 북적북적한 곳을 살짝 벗어나 비교적 조용해서 산책하기 좋은 거리는 가족 단위로 나들이를 나온 사람과 산책을 나온 반려견도 많이 보여 사람 사는 냄새가 나는 곳이다. 거리 중간에는 무심히 걸으면 지나쳐버릴, 입구가 작은 공원이 있다. 사무실 단지 사이에 자연스럽게 자리 잡은 공원은 크진 않지만, 정원사가 나무를 세심하게 골라 심은 느낌이다. 특히 벚꽃, 목련, 개나리 등 각종 꽃이 흐드러지게 핀 봄이면 어느새 하늘하고 가벼운 옷을 꺼내 입은 사람들이 위챗 모멘트(朋友圈, WeChat에 들어 있는 SNS)에 올릴 사진을 찍기

THIS IS
C5
CAFE

위해 카메라로 열심히 구도를 잡는 모습이 보인다.

Cafe C5는 공원 안에 디자이너들이 모여 차린 커피숍이다. 디자인 사무실 맞은편에 전통 중국식 가옥인 사합원을 개조해 차린 커피숍은 많은 디자이너의 로망이 아닐까 싶다. 디자이너들이 만든 커피숍답게 다양한 아트 페어, 소규모 친목 파티가 자주 열린다. 특히 여기서 일본의 유명 모델 미즈하라 키코가 잡지 촬영을 한 뒤 유명세를 탔다. 커피숍 한편에는 시계공의 작업실, 디자인 가구와 소품을 모은 편집숍, 그리고 꽃집이 함께 들어와 있어 볼거리가 다양하다. 직접 볶은 콩을 사용해 정성스레 내리는 커피는 맛이 있고, 간단하게 브런치로 먹기 좋은 샐러드도 신선하다.

FOOD

내부에는 긴 테이블, 4인이 모여 앉을 수 있는 소파, 밖이 잘 보이는 2인용 좌석, 바 자리까지 다양한 종류의 손님이 방문하기 편한 구조로 되어 있다. 입구에는 목재로 만든 포치를 넓게 설치해서 반려동물과 함께 온 사람들이 앉기에도 좋다. 가운데에 정원을 둔 중국식 가옥 구조를 살린 야외 좌석도 있다. 여름에는 전통에 따라 정원에 빌트인 된 돌 어항에 금붕어를 둔다고 한다. 평일에는 노트북을 들고 작업하러 온 사람들, 주말에는 가족 단위 손님들이 많이 보인다. 인테리어가 전체적으로 녹색이고, 채광이 좋아 바깥이 내부까지 이어진 듯한 공간은 특히 날씨가 좋은 날이면 생각나는 곳이다. 눈과 머리를 휴식하고 싶거나 새로운 아이디어를 위해 생각을 환기해야 할 때 종종 들르게 된다.

Info

차오양취 공인체육관 북문 공티베이루 3동
朝阳区工人体育场工体北路3幢
chaoyangqu gongrentiyuchang gongtibeilu sandong

(+86) 10-6553-3667

10:00-22:00 (월-목), 09:00-24:00 (금-일)

bracket coffee (검색 시 나오는 2개 매장 중 工体店을 추천한다)
http://www.dianping.com/shop/92533539
https://www.facebook.com/pages/Bracket-Coffee/2163895037217165

과테말라 더치 커피(危地马拉咖啡), 질소 커피(氮气咖啡)

/

Bracket Coffee

뜨거운 클럽촌에서 마시는 시원한 커피

Bracket Coffee는 Worker's Stadium(工人体育场, gōngréntǐyùchǎng, 줄여서 공티라고 부른다)이라는 체육 경기장을 둘러싼, 북경에서 가장 뜨거운 클럽촌 한복판에 자리 잡았다. 카페와 어울리지 않는 의아한 위치 선정은 클럽에서 밤새 즐긴 후 첫차를 기다리는 청춘들을 겨냥한 걸까. 이 층 단독건물의 널찍한 내부 공간은 충분히 그런 생각이 들 만도 하지만, 그렇다고 하기에는 커피의 종류와 질에 많은 신경을 썼다. Bracket Coffee는 직접 볶는 다양한 종의 핸드 드립과 에스프레소-베이스 커피는 물론이고, 커피 업계의 최신 트렌드인 질소 커피와 사이폰 커피까지 갖추었다. 더치 커피와 사이폰 커피 추출 기구는 흰색 벽과 목재로 꾸민 모던한 내부에 인테리어 소품의 역할까지 해낸다.

핸드 드립도 맛이 있지만, 질소 커피가 정말 훌륭하다. 콜드 브루 특유의 달고 고소한 끝 맛에 적당하게 올라간 질소 거품이 부드럽다. 특히 북경에서는 아직 흔하게 맛보기 어려운 커피라 더욱 반갑다. 콜드 브루와 아이스 드립 커피는 병에 담아서도 판매한다.
단독 건물의 좋은 점은 단연 루프탑이다. Bracket Coffee의 루프탑은 훌륭하다. 다양한 열대 식물과 파라솔 아래 푹신한 소파는 보라카이나 발리의 리조트에 온 듯한 착각을 불러 엉덩이를 대는 순간 긴장이 풀어지는 매력이 있다. 편하게 자리 잡고 북경 도심을 내려다보며 몇 시간이고 늘어져서 쉬고 싶은 곳이다. 브런치 메뉴도 훌륭해 회사 점심시간을 이용해 간혹 들르기도 하는데, 한적한 시간이 행복해서 이대로 오후 반차를 쓰고 싶은 마음이 스멀스멀 올라온다. 카페인보다는 알코올이 생각나는 공간이다 싶기도 하지만, 알코올이 생각나면 5분 거리에 클럽들이 즐비해 있으니까.

북경의 클럽촌

Worker's Stadium을 중심으로 북경에 가장 먼저 생긴 클럽으로 유명한 Mix부터 어마어마한 규모를 자랑하는 최근의 One-third까지, Vics, Thirteen 등 북경에서 가장 뜨거운 클럽들이 모여 있다. 클럽에서 춤추기를 즐기는 사람이라면 북경의 클럽 문화에 실망할지도 모른다. 이곳의 클럽 문화는 홀에서 춤을 추기보다는 테이블을 잡고 양주와 안주를 잔뜩 시키는 쪽에 가깝다. 그래서 분위기를 살리기 위해 홀을 채워줄 외국인을 무료로 들여보내 주는 곳도 있다. 중국인과 구별이 되지 않는 동양의 외국인이라 입장료를 받으려다가 영어를 쓰자 그냥 들여보내 주는 웃지 못할 일도 종종 생긴다. 훌륭한 디제이는 찾기 어렵지만, 유명한 외국 가수들이 놀랍도록 저렴한 가격에 공연을 오기도 한다.

Info

차오양취 싼리툰 지디엔위엔
朝阳区三里屯机电院
chaoyangqu sanlitun jidianyuan

(+86) 10-8587-8897

08:30–23:30 (월–목, 일), 08:30–25:30 (금, 토)

TIENSTIENS 将将 (영문명만 입력하여 검색이 가능하다)
http://www.dianping.com/shop/27452405
https://www.facebook.com/TIENSTIENSCafe

무용가 소절(舞蹈家小节), 블루베리 외교관(蓝莓外交官)

/

Tienstiens

将将

jiāngjiang

사랑스러운 테라스에서 즐기는 프랑스식 디저트와 낭만 가득 감성

Tienstiens는 서양식 빵과 디저트 불모지인 북경에서 하얗게 빛나는 오아시스 같은 곳으로, 싼리툰에서 사무실 건물들이 즐비한 구역에 위치해 있다. 다니던 회사에서 도보로 3분 거리에 있어서 오히려 눈여겨보지 않았는데, 북경에서 꽤 유명한 디저트 가게라는 사실을 뒤늦게 알고 서둘러 발걸음을 향했다. 퇴근하는 사람들, 회식하는 회사원들을 겨냥한 술집이 많은 먹자골목 한가운데 홀로 서 있는 흰색 건물에는 기본적인 통밀 바게트부터 마카롱, 캐러멜 등의 작은 디저트, 작고 예쁜 페이스트리와 케이크까지 프랑스식 제과 제품으로 가득하다. 수많은 디저트 중에서 마카롱과, (거금을 들일 용기가 있다면) 초콜릿 케이크가 평이 좋고, 병에 담아 파는 수제 잼 또한 다양하다.

개성 있게 붙인 디저트 이름은 Tienstiens의 매력을 배가한다. 디저트별 특징에 따라 다양한 직업군과 매치해 이름을 붙였다. 레드 드레스를 입고 춤추는 무희와 묘하게 닮은 '무용가 소절(小节)', 블루베리와 치즈가 협상에 성공한 '블루베리 외교관' 등 이름을 알고 먹으면 재미가 더욱 쏠쏠하다.

Tienstiens가 싼리툰에서 최고의 데이트 장소로 꼽히는 건 아기자기한 달달함과 함께, 층층이 올라가며 독특한 공간 활용을 통해 만들어낸 프라이빗한 좌석들과 꼭대기에 자리 잡은 예쁜 테라스 덕이다. 테라스는 북경에 관한 다양한 소식을 다루는 잡지 〈Beijinger〉에서

매년 실시하는 투표 중 가장 낭만적인 테라스 1위를 차지하는 영예를 안기도 했다. 건물 한가운데를 타고 꼭대기까지 뻗어 올라간 고목과 곳곳에 박제된 곤충 장식이 단조로울 뻔한 하얀색 건물에 개성을 더했다.

간단한 브런치를 즐길 수 있는 식사 메뉴도 있는데, 독특해서 도전해 볼만 하지만 맛은 디저트에 비해 조금 떨어진다. 공정무역 커피콩을 사용해 내린 커피는 진하고 맛있다. 루프탑에는 야외 바가 따로 있어 주류를 취급한다. 주말에는 언제나 사람이 많아서 포장해가는 손님이 많고, 패키지가 예뻐서 선물로도 인기 만점이다.

Info

동청취 우다오잉 후통 61호
东城区五道营胡同61号
dongchengqu wudaoyinghutong liushiyihao

(+86) 155–1053–3895

09:00–21:00 (월–일)

Metal Hands (검색 시 나오는 3개 매장 중 이 책에 소개된 매장은 五道营店이다)
http://www.dianping.com/shop/66819933

Dirty King, 검은깨 케이크(青墨)

Metal Hands

5평 남짓 공간 속 진한 커피 향이 매력적인 후통 대표 카페

안딩먼(安定门, āndìngmén)역에서 가까운 우다오잉 후통(五道营胡同, wǔdàoyíng hútong)은 후통의 매력이 가장 잘 살아 있는 곳 중 하나다. 하나의 짧은 거리지만 가게들이 빽빽하게 들어서서 볼거리, 먹을거리, 마실 거리가 넘쳐나고 언제나 사람들로 활기가 넘친다. 디탄 공원(地坛公园, dìtán gōngyuán)과 용허공(雍和宫, yōnghégōng) 등 북경의 대표 관광지가 가까워서 더욱 그렇다. 특히 우아한 다기를 취급하는 가게들이 많은데, 가게마다 각자의 개성에 맞게 선택한 제품들로 가득해서 빈손으로 돌아오기 어렵다. 언제 떠나게 될지 모르는 정착하지 않은 생활이라 최대한 짐을 늘리지 않겠다고 마음먹으면서도, 고운 자태로 빛나는 도자기를 보면 어디서 이렇게 좋은 물건을 이토록 저렴한 가격에 또 만날 수 있을까 싶어 지갑을 열게 된다. 어느덧 양손에 짐을 잔뜩 들고 걷다 보면 흡족한 구매에 기뻐하고, 쇼핑으로 떨어진 에너지를 충전하기 위한 커피숍이 간절해진다.
메탈 핸즈는 쇼핑에 지친 사람을 달래주기 딱 좋은, 우다오잉 거리의 중간 즈음에 자리 잡은 자그마한 커피숍이다. 후통의 소박함에 매료된 젊은 바리스타가 2016년 문을 연 뒤, 우다오잉 후통을 대표하는 커피숍으로 자리 잡았다. 가게가 워낙 작지만 커피가 굉장히 맛있고 양팔 가득한 문신에 파란 앞치마를 메고 커피를 내리는 바리스타들의 에너지에 끌려온 사람들로 언제나 자리가 부족하다. 공간뿐 아니라 메뉴도 에너지가 넘친다. 클래식한 커피들 외에도 커피와 탄산수를 차갑게 내는 스파클링 아메리카노(苏打美式, sūdǎměishì), 차가운 우유에 바로 뜨거운 샷을 부어 커피가 우유에 녹아드는 모습이 더티해 보인다고 이름 붙여진 더티 킹(Dirty King) 등 흔치 않은 메뉴들이 눈과 입을 사로잡는다.

Chang
SODA WATER

스파클링 아메리카노는 일반 아이스 아메리카노에 탄산이 더해져 한층 더 시원하게 머리를 깨워주고, 더티 킹은 입안에서 섞이는 뜨거운 커피와 차가운 우유가 오묘한 경험을 선사한다. 검은깨 크림으로 만든 고소한 케이크도 독특하고 맛있다. 테이크아웃을 하면 담아주는 봉지 커피마저 재치 있다. 따뜻한 날에 차가운 커피를 받아 들고 바깥에 마련된 작은 벤치에 앉아 햇살이 비추는 기와지붕과 후통을 걷는 사람들을 구경하다 보면 북경에 오기를 참 잘했다는 생각이 절로 든다. 같은 거리와 싼리툰에 매장을 하나씩 더 열었다.

Info

동청취 흐어핑리 난지에 시코우 8호
东城区和平里南街西口8号
dongchengqu hepinglinanjie xikou bahao

(+86) 10–8421–6662

08:30–21:30 (월–일)

我与地坛 The Corner (영문명만 입력하여 검색이 가능하다)
http://www.dianping.com/shop/69080376

핸드 드립 커피(手冲咖啡), 패션 프루트 허니티(百香果蜂蜜)

/

The Corner

我与地坛

wǒyǔdì tán

문학적 감성이 가득한 오피스 카페

디탄 공원 옆, 후통의 다른 카페들과 약간 떨어진 곳에 자리 잡은 The Corner의 중국어 이름은 북경 출신의 유명한 작가 사철생(史鐵生)의 에세이 〈나와 디탄(我与地坛)〉에서 따온 것이다. 20세기 중문 수필 중 최고의 수작으로 꼽히기도 하는 이 작품은 가혹한 중노동으로 병을 얻고 하반신이 마비된 작가가 매일 휠체어를 끌고 디탄 공원을 다니며 느낀 감상을 아프게 적어 내려간 글이다. 디탄 공원은 원래 명나라와 청나라 때 제사를 올리기 위해 지은 곳으로, 워낙 넓고 평소에 사람이 많지 않아 경주의 왕릉과 같은 황량한 아름다움이 있다. 그래서인지 〈나와 디탄〉이라는 카페의 이름에서 쓸쓸함과 문학적 감성이 묻어난다.

카페를 열게 된 계기가 인상 깊다. 미사일 공장이었던 건물을 개조해 사무실과 카페로 만들었는데, 카페는 원래 사무실의 직원들을 위해 만든 공간이라고 한다. 유명 작가의 쓸쓸한 글에서 제목을 따올 만큼 멋을 아는 주인답게 직원을 위한 쉼터에도 정성을 아끼지 않았다. 커다란 삼 층 건물의 절반을 차지한 카페의 내부는 Neri&Hu라는 상해와 런던 베이스 디자인 팀의 작품이다(http://

www.neriandhu.com). 흰 벽, 검은색 메탈 계단과 큰 나무 책상으로 인더스트리얼한 인테리어는 사무실을 위한 카페라는 콘셉트를 한껏 살렸다. 층고가 높고 벽이 어두운 1층은 독서에 집중하기 좋다. 한쪽 편에 작지만 알찬 책장이 있어 중국의 거리와 건축에 관한 책들을 볼 수 있다. 물론 사철생 작가의 〈나와 디탄〉도 여러 부 비치해 놓았다.

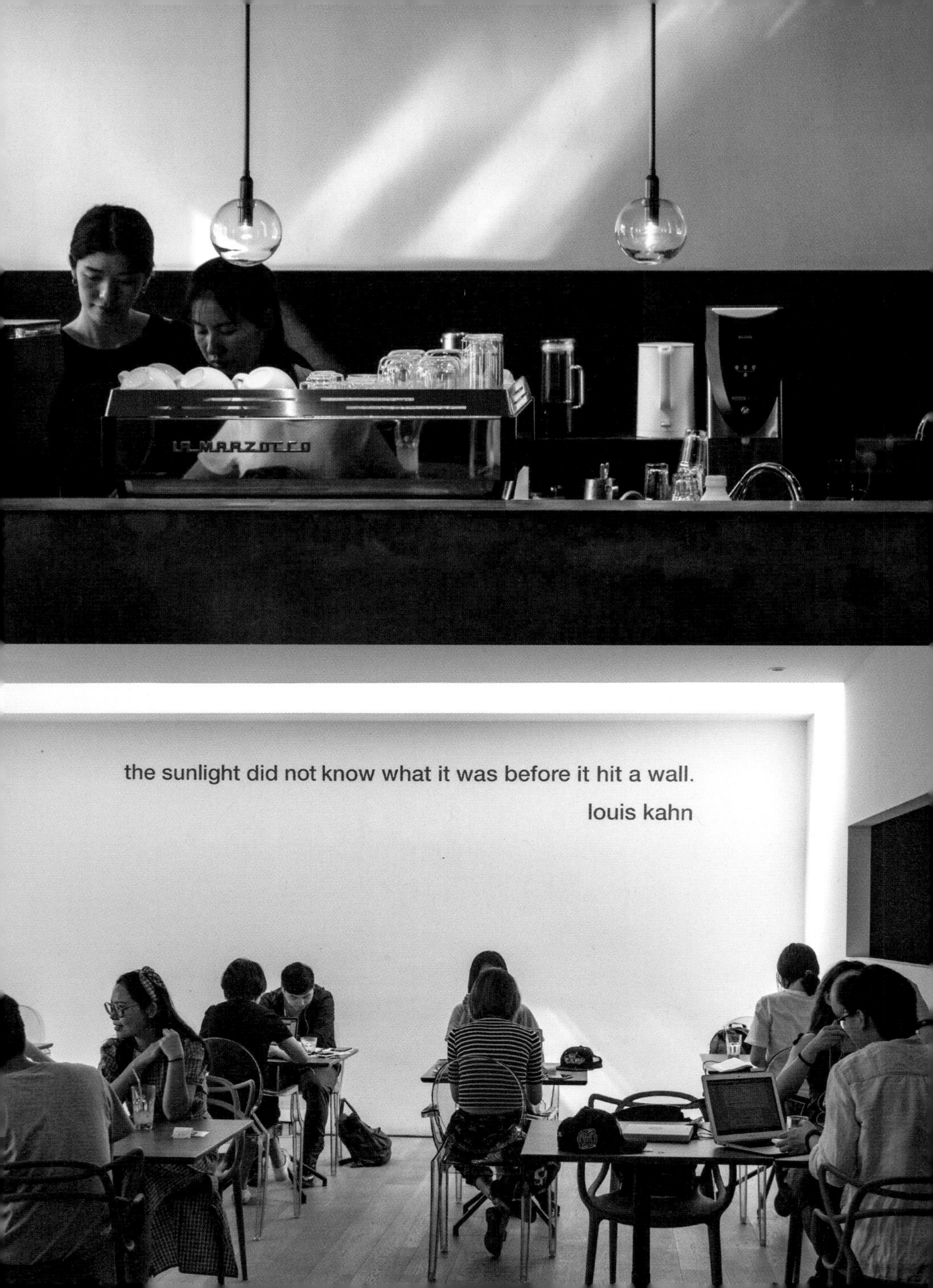
LA MARZOCCO
the sunlight did not know what it was before it hit a wall.
louis kahn

아래층보다 작지만 미니멀한 느낌을 살린 2층 공간은 흰 벽과 창으로 들어오는 빛이 밝아 작업하기 좋다. 그래서 주말에도 학생들의 조 모임, 스타트업을 계획하는 사람들의 아이디어 공유 모임이 활발하다. 이곳은 비교적 저렴한 가격에 맛볼 수 있는 핸드 드립 커피가 훌륭하다. 에티오피아 예가체프, 수마트라 만델링, 코스타리카 블랙허니 등 여러 종류의 신선한 콩을 구비하고 있어 커피 애호가라면 만족할 법하다. 이 외에도 에스프레소 베이스 커피가 있으며, 커피와 함께 먹기 좋은 쿠키, 비스코티 등의 간식류도 있다.

Info

동청취 동쯔먼 베이시아오지에 차오위엔 후통 37호
东城区东直门北小街草园胡同37号
dongchengqu dongzhimenbeixiaojie caoyuanhutong sanshiqihao

(+86) 186–1094–6616

10:30–21:30 (월–일)

器生茶时 (Pinyin으로 Qishengchashi를 쓰면 자동으로 바뀌는 한자를 클릭하면 된다)
http://www.dianping.com/shop/69834953

1인 80위안
(차는 당일 찻잎의 품질에 따라 선택하는 걸 추천하며, 종업원이 친절하게 안내해준다)

/

器生茶时

qì shēngcháshí

중국식 정원을 바라보며 즐기는 여유로운 차의 시간

사합원을 고쳐 만든 치셩차쉬(器生茶时)는 중국의 문화를 잘 이해하는 본토 건축가들의 손을 거쳐 전통적인 구조와 운치를 한껏 살리면서도 모던하고 세련되게 재탄생했다. 정원을 바라보는 마루에 폴딩 도어를 설치해, 여닫기에 따라 정원을 바라보는 열린 좌석에서 조금 더 사적인 방이 될 수 있는 공간을 만들었다. 바닥과 벽을 두른 기와로 물길을 표현하고, 마루를 바닥에서 약간 띄워 물 위에서 풍류를 즐기는 느낌을 재현했다. 정원의 나무에는 달 모형의 대형 애드벌룬 조명을 놓아 사합원의 고즈넉한 풍경과 어우러져 눈앞에서 슈퍼문을 보는 듯한 비현실적인 분위기를 만들어 낸다. 은은한 달빛 아래 차를 마시며 들뜨는 기분에 각 공간의 운치와 의미에 신경 쓴 세심함이 느껴진다.

器生茶时는 우리에게 더욱 익숙한 영국식 애프터눈 티와는 다른 중국식 오후 차를 즐길 수 있는 곳으로, 일정한 금액을 내고 차 한 종류를 고르면 느긋하게 공간과 분위기가 주는 아름다움을 만끽할 수 있다. 차도 계절에 따라 들어오는 식품이라서 신선한 상태가 그때마다 다르기에, 차에 대해 잘 모른다면 추천을 받아도 좋다. 끓는 물을 옆에 두고 찻주전자를 한없이 다시 채워가며 대화를 나누고, 찻집의 책을 뒤적거리다가, 정원의 운치에 감탄하기를 반복하다 보면 어느새 시간이 훌쩍 지나서 어둑해진 바깥 풍경에 깜짝 놀라게 된다. 오래 머물다 가는 사람들이 많아서 자리가 없을 수도 있으니 미리 전화로 예약하는 것이 좋다. 삼고초려하여 겨우 방문하게 된 器生茶时에서의 시간은 그만큼 만족스러웠다.

중국식 오후 차 역시, 영국의 애프터눈 티처럼 다과를 곁들인다. 대체로 말리거나 절인 과일, 월병과 비슷한 과자, 달짝한 사탕 등으로 이루어져 담백한 차와 잘 어우러진다. 器生茶时에는 특히 직접 만든 케이크가 다양하다. 다과를 곁들여 세트로 즐길 수 있고, 차만 선택하면 씁쓸한 맛이 중독성 있는 녹차 사탕을 내어준다.

아름다운 공간과 여유로운 분위기 덕에 사진을 찍으러 오는 왕훙(网红, wǎnghóng, 중국어로 소셜미디어 스타, 인플루언서를 일컫는

말)들이 많아 카메라 촬영은 별도의 금액을 받는다. 사진을 찍으러 돌아다니는 사람들 때문에 차를 마시는 사람들이 방해를 받지 않도록 만든 배려다. 스마트폰 사진은 괜찮다.
입구에서 안쪽으로 들어가는 길의 작은 응접실에는 다도에 쓰이는 다양한 도자기와 유리그릇을 판매한다. 차가 담겨나온 예쁜 찻잔에 감탄하게 되는데, 마음에 드는 다기를 바로 사갈 수 있는 점이 무척 좋다.

Info

시청취 양메이주 시에지에 39호
西城区杨梅竹斜街39号
xichengqu yangmeizhuxiejie sanshijiu hao

(+86) 10–5711–1717

12:00–20:00 (월–금), 10:00–20:00 (토–일)

Soloist (검색 시 나오는 6개 매장 중 치엔먼(前门) 본점과 싼리툰(三里屯) 지점을 추천한다)
http://www.dianping.com/shop/14703864

더치 커피(冰酿咖啡), 르완다 드립 커피(卢旺达手冲咖啡)

/

Soloist Coffee

북경 뉴트로의 진수를 느껴보는 북경 대표 바리스타의 커피숍

솔로이스트는 북경을 대표하는 3대 커피숍 중 하나다. 후통 개선 프로젝트의 포문을 연 곳으로, 레트로 감성을 현대에 맞게 재해석한 개성 강한 커피 전문점이 입소문을 타면서 치엔먼 후통이 지금의 유명세를 타기 시작했다. 치엔먼점의 성공 이후 싼리툰에도 지점을 열어 비교적 커피 문화가 덜 발달한 북경에서 더 많은 사람에게 다가갔다. 커피 한 모금에 행복을 느끼는 한국 사람인 탓에, 북경에서 일을 시작하고는 맛있는 커피를 찾아 헤매다녔다. 현지화에 성공한 스타벅스가 중국의 커피 시장을 점령하여 주변에서 쉽게 볼 수 있고 회사 건물 1층에도 있었지만, 북경 스타벅스의 커피는 왜인지 알던 맛과 달라서 익숙해지지 않았다. 커피콩은 모두 본사에서 가져오더라도 사용하는 우유와 두유가 다르니 맛이 다를 수밖에 없다는 것은 체험을 통해 실감했다.

지금은 커피 문화가 많이 퍼져 크고 작은 카페가 많이 생겼지만, 당시에는 이미 높아져 버린 입맛을 만족하는 커피숍을 찾을 수 없어 울며 다니던 기억이 난다. 그러다가 발견한 곳이 솔로이스트였다. 싼리툰치고도 높은 가격에 주문하는 손이 조금 떨렸지만, 드디어 맛있는 커피를 찾았다는 기쁨에 속으로 유레카를 외쳤다. 그 후로는 프로젝트가 끝나 여유가 생기거나, 동료들과 기분을 내고 싶은 오후에 찾아가는 커피숍이 되었다.

맛있는 커피와 함께 운치까지 느끼려면 치엔먼점이 좋다. 세월이 느껴지는 헤진 붉은 벽돌 벽에 유럽의 빈티지 가게를 돌면서 구한 천장을 장식한 앤티크 나무문들, 1920년대 극장에서 쓰던 의자, 1980년대 브라운관을 활용한 비디오 아트와 소품, 그리고 흘러나오는 재즈 음악에 빈티지함이 물씬 느껴지는 공간이다. 바리스타들이 커피를 내리는 모습을 구경할 수 있게 제작한 나지막한 바와 가게에서 직접 볶은 콩을 날짜별, 원산지별로 분류해 보관하는 빈티지 라커는 멋진 인테리어이면서 동시에 커피에 대한 신뢰도를 한층 높여주는 역할을 한다.

더 많은 좌석이 놓인 2층에서는 치엔먼 주변의 후통이 내려다보이는 작지만 예쁜 창문 자리를 사수하기 위한 은근한 눈치 게임이 벌어진다. 또한 연주가 가능한 낡은 나무 피아노와 후통의 정취를 한껏 즐길 수 있는 테라스도 있다.

솔로이스트는 커피 축제를 주최하거나 각종 디자인 행사에 참여하는 등 다양한 활동을 하며 계속해서 북경에 커피 문화를 전파하는 데 힘쓰고 있다. 798 예술 구역의 현대 모터 스튜디오 북경점 1층에도 지점을 열었다. 1인 1 메뉴가 원칙이다.

青雲閣

색다른 경험을 즐기는
테마 카페

Info

차오양취 차오와다지에 6호 차오와이소호 A동 616호
朝阳区朝外大街乙6号朝外SOHO A座616室
chaoyangqu chaowaidajie erliuhao chaowai SOHO Azuo 616shi

(+86) 180-1048-4636

12:00-22:00 (월-금), 11:00-22:00 (토, 일)

Friends cafe
http://www.dianping.com/shop/4040560

헤이즐넛 핫 초콜릿(榛果热巧克力), 챈들러 케이크(Chandler 蛋糕)

/

Friends Cafe

老友记主题店

Lǎoyǒujì zhǔtídiàn

북경에서 다시 만난 친구들, 시트콤 〈프렌즈〉 테마 카페

종영한 지 십여 년이 지났지만 여전히 사랑받는 미국의 인기 시트콤 〈프렌즈〉의 주요 로케이션인 카페 'Central Perk'의 실물은 뉴욕이 아닌, 심지어 미국도 아닌, 지구 반대편의 북경에 자리 잡았다. 혼자 해외살이를 해본 사람이라면, 새로운 도시가 주는 설렘 속에서도 종종 찾아오는 외로움을 달래주는 익숙한 드라마나 방송이 얼마나 위안이 되는지 공감할 것이다. 나에게는 〈프렌즈〉가 그러한 존재였고, 이를 테마로 한 카페가 있다는 소식에 귀가 솔깃했다.
우리가 아는 그 〈프렌즈〉? 수많은 사람이 여전히 최고의 시트콤으로 꼽고, 무려 방탄소년단 RM의 영어 교재였다는 그 〈프렌즈〉를 테마로 한 카페가 북경에 있다고?

반신반의하며 찾아간 곳은, '진짜'였다. 바깥을 두른 Central Perk의 외관, 한가운데에 자리 잡은 여섯 친구가 커피를 마시며 끝없는 수다를 즐긴 바로 그 소파, 그리고 그들이 시켜 먹던 음료와 음식으로 채운 메뉴도. '피비가 좋아하는 당근 케이크', '레이첼이 좋아하는 머핀' 등으로 갖춘 메뉴는 미소가 절로 나오게 한다. 소파 앞 TV에서는 〈프렌즈〉 시트콤이 전 시즌 연속해서 상영되어, 그때 그 시절로 사람들을 데려간다. 문으로 연결된 작은 공간으로 이동하면 푸즈볼 테이블과 리클라이너까지 구비한 조이와 챈들러의 방이 있고, 벽에는 피비가 치던 기타가 걸려있다. 각 캐릭터의 대표 대사로 꾸민 벽화, 그리고 심지어 카페 안을 어슬렁거리며 돌아다니는 노란 고양이

CENTRAL
PERK
SWIFT HORSE

까지. 시트콤에 대한 주인의 애정이 한껏 묻어나온다.

Friends Cafe는 CNN에서도 소개하는 등 중국 밖에서도 화제가 되어 일부러 들르는 외국인 여행객들도 많다. 미국에서 온 사람들이 북경의 Central Perk에서 호들갑 떨며 커피를 마시는 모습이 귀엽고 신기하다. 시트콤을 보기 좋은 소파 자리는 인기가 많아서 자리가 날 때까지 기다려야 하는데, 일단 한 번 앉으면 화면에서 눈을 떼기 어렵기 때문에 기회가 쉽게 찾아오지 않는다.

Info

동청취 안딩먼 네이다지아 팡지아 후통 46호
东城区安定门内大街方家胡同46号
dongchengqu andingmenneidajie fangjiahutong sishiliuhao

(+86) 186–1079–8579

13:00–23:00 (월–금), 11:00–23:00 (토, 일)

双城咖啡厅 (pinyin으로 Shuangchengkafeiting를 쓰면 자동으로 바뀌는 한자를 클릭하면 된다)
http://www.dianping.com/shop/8845208

시그니처 콜드 브루(招牌冰酿咖啡), 대만 고산 우롱차(高山乌龙茶)

/

双城咖啡厅

Shuāngchéngkāfēitīng

마음까지 풀어지는 안락한 북경 속 작은 대만

모던하고 개성 있는 인테리어로 감탄을 자아내는 공간이 점점 늘어나는 만큼 오히려 아늑한 카페를 만나기가 더 쉽지 않다. 들어가자마자 편안함을 느끼는 공간을 완성하는 건 어쩌면 절로 카메라를 들게 하는 세련됨보다 어려운지도 모른다. 적당히 세월이 느껴지는 나무 바닥과 손때가 묻은 가구들, 가게 한가운데 놓인 테이블 위 높은 탑을 이룬 책들, 세련되지는 않지만 쿠션이 편안해 보이는 소파를 보면 한쪽 구석에서 책에 얼굴을 파묻고 한없이 쉬었다 가고 싶어진다.

双城(shuāngchéng)은 2층, 咖啡厅(kāfēitīng)은 커피숍을 뜻한다. 2층이 포인트라서 지어진 '2층 커피숍'이란 이름에 주목하자. 작은 다락같이 만들어놓은 2층 공간은 신발을 벗고 들어가는 좌식으로 되어 있어 편안하게 쉴 수 있다. 바닥에 놓인 방석에 앉아 다리를 뻗고 1층을 멍하니 내려다보며 커피를 마시면, 이것저것 구경하고 쇼핑하느라 후통을 돌아다니며 쌓인 피로가 케이크 위 크림처럼 녹아내린다. 커피와 음식을 들고 부지런히 오르내리는 주인아저씨의 발걸음이 계단에 울리는 소리에 약간의 죄책감이 드는 것은 어쩔 수 없다.

북경 속 작은 대만을 꿈꾸는 이곳은 대만에서 온 소품들로 가득하다. 책들도 대만에서 출판된 것이라 간체자가 아닌 번체자로 적힌 서적들이고, 전시된 물건들 역시 대만 디자이너들의 작품이다. 입구에서는 대만 디자이너들의 작품과 소품 등을 판매한다. 일요일 저녁에는 본토에서 상영하지 않은 대만 영화들을 틀어주는 상영회가 열리기도 한다.

금기어 3T

중국과 대만의 정치적 관계에서 오는 미묘한 감정은 외국인들에게도 전해져 온다. 외국인들 사이에서는 중국인과의 대화에서 언급하면 안 되는 3T가 있다. 바로 Taiwan(대만), Tibet(티베트), Tienanmen(톈안먼)이다. 모두 정치적 상황과 연관된 것으로, 정말로 민감한 사항들이니 유의하는 것이 좋다. 대학교에서 강사로 일하는 미국인 친구는 강의실에 설치된 카메라로 언제 정치적 발언을 하는지 감시받고 있으며, 실수로 대만이 국가로 표기된 지도를 자료로 쓰는 바람에 다음 학기 계약이 취소된 동료의 이야기를 해주었다. 외국에 다녀와 접하게 된 사람들을 빼고는 대부분의 중국 젊은 층은 톈안먼 사태가 있었다는 사실도 모른다는 이야기가 놀라웠다. 티베트 여행에서는 곳곳에서 길을 감시하는 삼엄한 군인들과 마주했고, 티베트 출신의 소수 민족에게는 현재 중국 국적임에도 불구하고 여권을 내주지 않아 중국 바깥을 벗어나 본 적이 없다는 티베탄 가이드의 안타까운 이야기도 들었다.

Info

동청취 용흐어궁다지에 베이신산시앙 11호
东城区雍和宫大街北新三巷11号自在场头
dongchengqu yonghegongdajie beixinsanxiang shiyihao zizaichangtou

(+86) 185-1171-7916

10:00-21:00 (월-일)

Silence Coffee
http://www.dianping.com/shop/95878073

밤하늘 스파클링(星空), 마음에 품은 로즈 커피(玫上心头)

Silence Coffee

静默咖啡

Jìngmòkāfēi

도시의 소음에서 한 발짝 멀어지고 싶을 때, 세상에서 가장 조용한 카페

표어문자를 쓰는 영향인지, 중국어의 표현은 두루뭉술하게 말하는 습관이 있는 한국어보다 적확해야 하는 경우가 많다. 아이디어를 낼 때 어려움이 되었던 부분이다. '기다리다'라는 뜻의 等(děng) 자를 두고 기다림에 관한 다양한 이야기들을 짜서 중국인 동료들과 회의를 하자, 어떠한 이야기들은 等이 아니라 期待(qīdài, 기대)에 가깝다는 말을 했다. '좋은 일을 기다리다'와 '좋은 일을 기대하다'를 섞어 쓸 수 있고 뜻이 혼용되기도 하는 한국어와는 달리 중국어로는 그렇지 않다는 것이었다. 외국에서 일하고, 다른 언어로 이루어진 문화 속을 살아간다는 것은 이러한 미묘한 차이들을 경험하게 해주었다. 어떤 날은 그게 힘들고, 어떤 날은 그게 재미있다. 그렇다면 같은 문화 속에서도 언제나 다른 언어를 쓰는 사람들의 세상은 어떠할까?

언어의 간극이 만드는 사람과 사람 사이의 빈 공간을 선명하게 느끼게 해주는 커피숍이 있다.
Silence Coffee는 후통 골목 중에서도 가장 깊숙한 곳에 숨어 조용히 자리를 지킨다. 커피숍에 들어서면 조용한 바리스타들 뒤로 침묵은 금이라는 익숙한 문구가 먼저 눈에 들어온다. 청각장애인 부부가 운영하는 커피숍의 침묵은 조용히 커피를 음미해보라는 뜻 외에도 청각이 없는 사람들의 세상을 잠시 상상해보라는 의미가 담겼다. 간단한 수화를 그려놓은 포스터로 비장애인들이 수화를 접해볼 기회를 주기도 하고, 또한 주변의 청각장애인들이 모임을 갖는 장소로 일반적인 커피숍 이상의 역할을 한다. 이곳의 침묵은 무언의 공간이 아니다. 소리가 아닌 동작의 언어로 가득 찬 공간이다. 일주일에 며칠,

정해진 시간대에는 대화가 금지되어, 완전한 침묵 속에서 커피를 즐겨보는 색다른 경험을 해볼 수 있다. 언제나 배경 음악이 없다는 것도 이곳의 특징이다.
이러한 특별함이 없더라도 공간 자체만으로도 충분히 발길이 간다. 작은 입구를 거쳐 들어가면 테라스와 반지하 정원까지 있어 밖에서 보기보다 내부가 훨씬 넓다. 테라스는 왕홍과 인터넷 쇼핑몰 모델의 촬영 장소로 언제나 사람이 북적인다. 북경의 가을이 다가오는 9월 초에 방문하면, 저녁 무렵 테라스에 앉아 석양이 지는 북경 하늘을 감상할 수 있다. 커피숍과 연결된 건물에서는 작은 베드 앤 브렉퍼스트식 숙소를 운영한다. 10개 남짓한 방이 굉장히 깔끔하고 단정하다.

눈, 코, 입을 모두 만족하는 예쁜 시그니처 음료들은 심혈을 기울여 개발한 티가 난다. 영롱한 파란빛 무알코올 칵테일에 금가루를 뿌려 빨대로 저으면 반짝이며 떨어지는 빛이 고흐의 작품 같은 '밤하늘 스파클링', 위에 올린 달콤한 치즈 크림을 뚫고 한 모금 들이켜면 커피 속 숨어 있던 장미 향이 확 퍼지는 '마음에 품은 로즈 커피'는 사일런스 커피에서만 맛볼 수 있다. 눈으로 한 번 감탄하고 한 모금 들이키면, 입은 오직 미각으로만 존재하는 한 컵의 시간이 된다.

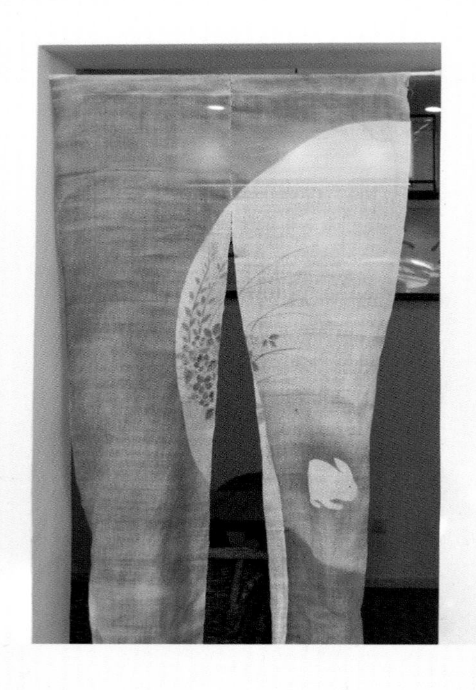

Info

시청취 시아오시앙펑 후통 9호
西城区小翔凤胡同9号
xichengqu xiaoxiangfenghutong jiuhao

(+86) 177-0128-1771

13:00-22:00 (월-일)

Low Tea
http://www.dianping.com/shop/103636339

1인 88위안 (차 선택 가능)

/

Low Tea

念茶空间

Niànchákōngjiān

진한 찻잎의 향이 먼저 반겨주는 중국 차 체험 공간

방대하고 깊은 중국의 차 문화를 이야기하기에는 아직 너무 모른다고 생각하지만, 차가 중국인들의 일상 깊숙이 들어와 있다는 것은 금방 느낄 수 있다. 나에게 차가 기호품 혹은 사치품으로 분류되었다면 여기서는 일상품 내지는 필수품에 속한달까? 서울에서 테이크아웃 커피를 들고 걷는 사람, 아침 점심마다 사무실의 커피 머신(혹은 커피 스틱)을 찾는 사람들이 흔한 풍경이라면 북경에서는 늘 차 전용 텀블러를 들고 다니는 사람들과 사무실 자리에서 차를 우려내는 사람들, 찻잎을 버리기 위한 쓰레기통 등 차와 관련된 물건과 모습이 눈에 들어온다. 집집마다 크기와 종류는 다 달라도 다도를 위한 물건을 갖추고 있고, 좀 더 본격적으로는 차를 위한 전용 테이블과 물의 온도를 조절하는 기계까지 구비한 경우도 많다.

차보다는 커피가 취향인 사람이라고 생각했지만(그리고 이제는 맛보다는 약처럼 커피를 찾지만) 처음으로 '제대로' 내린 보이차를 맛보고는 중국의 차에 푹 빠질 수밖에 없었다. 중국인 팀장이 추석을 맞아 집에 초대해 주었을 때 거실을 차지한 커다란 차 테이블을 보고 그 크기와 우아함에 감탄했다. 주말이면 식물에 물을 주고 차를 우려 마신다는 말에, 일터에서 보던 성격 급한 팀장이 이렇게 여유로움을 즐길 줄 아는 사람이었다니, 완전히 달라 보였다.
차통, 찻잔, 찻주전자 등 아름다운 도자기와 대나무, 박 등으로 만든 다기들, 차통에서 찻잎을 내와 끓어오르기 직전의 물로 자기를 씻어내고 차를 우려내는 군더더기 없는 손동작, 정확히 무엇을 하는지 이해하지 못한 여러 단계를 거쳐 드디어 작은 찻잔에 담긴 노란 차가 내 앞에 왔을 때 코와 입으로 들어오던 놀라운 향과 맛. 선물 받고 집에 쌓아둔 보이차를 감흥 없이 맛보았을 때와 전혀 다른 공감각적 경험이었다.

호하이의 골목에 조용하게 자리 잡은 Low Tea는 집에서 내린 차처럼 별다른 화려함과 장식 없이 차를 즐기는 공간이다. 소박하고 아담한 공간 한편에는 중국 각 지역의 명차들이 빼곡하게 전시되어 있다. 차의 향과 맛에 취해 오직 차에만 매달려 8년을 연구했다는 주인의 열정이 고스란히 보였다.
외국인 티를 잔뜩 내고 들어가면 직원이 테이블 맞은편에 앉아 차분히 차를 내리는 과정을 보여주기 때문에 차를 전혀 모르는 초보자도 쉽게 접하게 된다. 몇 번의 시범 이후, 원한다면 직접 차를 내리면서 개인적인 시간을 가질 수 있다. 기본 금액을 내면 차를 하나 골라서 원하는 시간 동안 마시고 갈 수 있어서, 호하이 부근을 구경하다가 인파를 피해 쉬러 온 사람들, 친구나 식사 시간을 기다리며 책과 함께 시간을 보내는 사람들이 조용히 휴식을 취한다. 보이차, 백차, 녹차 등 여러 종류의 차가 있다.

Info

차오양취 지우샨치아오 2하오 798이쉬취 치싱중지에 7하오
朝阳区酒仙桥路2号798艺术区七星中街7号
chaoyangqu jiuxianqiaolu erhao qijiuba yishuqu qixingzhongjie qihao

(+86) 185-0192-9206

08:30-19:00 (월-일)

Voyage Coffee
(검색 시 나오는 3개 지점 모두 다른 매력을 보여준다. 이 책에 소개된 곳은 798 예술구(798 艺术区) 지점이다)
http://www.dianping.com/shop/19013119

체리 커피(樱桃咖啡), 핸드 드립 커피(手冲咖啡)

/

Voyage Coffee

여행 같은 일상을 만들어주는 젊은 예술가들의 감성 공간

해외살이를 하는 사람으로 치명적이게도 심각한 길치라 낯선 도시에서 새로운 곳을 갈 때면 길을 잃을까 긴장을 하고 언제나 스마트폰을 손에서 놓지 못한 채 걷는데, 798 예술 지구에서만은 예외다. 이곳은 길을 잃는 것이 곧 경험이다. 길을 가득 채운 작은 노점상들과 거리 아티스트를 구경하느라 넋을 놓고 걷다 보면 몇 번을 오고도 처음 발견하는 골목을 만나게 된다. Voyage Coffee도 바로 그렇게 처음 만났다. 유리병 안에 세밀화를 그리는 청년들의 손놀림에 감탄하다가 고개를 들어보니, 통유리로 된 창이 눈에 띄었다.
창문 안, 카페 한중간에 놓인 길고 높은 테이블에서 사람들이 커피를 마시는 모습이 한 폭의 시원한 그림 같았다. Voyage Coffee는 통유리 창 하나로 사람들을 커피숍 안으로 유혹한다. 입구는 유리창이

VOYAGE
COFFEE
Our voyage, your coffee.
la marzocco

있는 길을 지나 건물을 죽 둘러가면 나온다(그 쉬운 길에서 길을 한 번 더 잃은 건 자랑이 아니다). 거대한 분홍색 조형물이 눈에 띄는 정원을 지나 유리문을 열고 들어가면 높은 층고와 미니멀한 인테리어, 오픈형 바에서 하얀 옷을 입고 커피를 내리며 움직이는 젊은 직원들과 벽에 빨간색으로 쓰인 'Our Voyage, Your Coffee'라는 문구가 눈에 들어온다. 맛있는 커피를 향한 여정의 야심을 담은 슬로건에서 기분 좋은 에너지가 느껴진다.

스페셜티 커피를 다루는 Voyage Coffee는 케냐와 에티오피아산 공정무역 콩을 사용한다. 게이샤 커피를 파는 북경의 몇 안 되는 커피숍이기도 하다. 드립 커피는 조금 연한 편이고, 에스프레소 베이스 커피가 굉장히 진하고 맛있다. 직접 블렌딩해서 파는 커피콩은 Voyage Coffee의 커피를 집에서도 즐길 수 있게 해준다.

본점인 798점은 비스포크 자전거를 팔고 수리하는 가게와 함께 운영한다. 높은 층고를 따라 올려다보면 수리 중인 자전거들이 걸려 있는 2층의 공간이 엿보이고, 긴 테이블 옆에는 선이 잘빠진 자전거와 그에 어울리는 단정한 라이딩용 제품들이 걸려 있다. 공공자전거 사업이 엄청나게 발달한 탓에 개인 자전거를 사는 사람이 줄어들어 자전거 가게를 보기 어려워진 북경에서, 예쁜 자전거가 진열된 광경 자체가 새로운 활력을 준다. 798점 외에 난뤄구샹점과 치엔먼점이 있다.

북경의 공공자전거

막 북경에 도착한 2017년 중반, 공공자전거의 춘추전국시대라고 할 만큼 다양한 스타트업이 사업에 뛰어들어 파이를 차지하기 위한 치열한 점유율 경쟁을 벌였다. 자전거가 GPS 트래킹이 되고, 스마트폰이 연동된 자체 잠금 장치가 달려 거치대 없이 아무 데나 델 수 있게 되자 기술적 장점이 주는 편리함에 수요와 공급이 폭발한 것이다. 몇백 위안의 보증금을 내면 한 번 이용에 1위안(약 160원)이라는 가격 경쟁력까지 더해져 공공자전거는 북경의 대표 교통수단 중 하나로 자리 잡았다. 산이 없어서 평평한 북경의 지리적 특징에 잘 맞았고, 대도시의 교통 체증을 피할 수 있다는 것도 큰 장점이었다. 빨간색, 주황색, 노란색, 파란색, 심지어는 무지개색까지, 거리는 공공자전거로 가득 찼고 그

어마어마한 수량은 되려 문제가 되기도 했다. 그중 산업을 이끌던 Mobike와 ofo는 둘 다 북경대학교 출신 학생들이 창업한 브랜드라는 라이벌 구도가 생겨 결국 이 시장의 승리자는 누가 될 것인가에 대해 관객들에게 보는 재미를 더했다. 결론부터 말하자면 무지막지한 확장과 해외 진출까지 거듭하며 승승장구하는 듯 보이던 시기를 지나 대부분 브랜드가 경쟁에서 탈락하고, 결국에는 2018년 말 ofo까지 파산 신청을 하며 공공자전거의 춘추전국시대는 끝이 났다. Mobike는 Meituan이라는 배달 서비스 회사에서 사들였다. 예전만큼 사업적으로 활발하지는 않지만, 공공자전거는 여전히 중국인들의 발이 되어 북경의 필수 교통수단으로 이용되고 있다.

Info

차오양취 팡위엔시루 6하오위안 1층
朝阳区芳园西路6号院一层
chaoyangqu fangyuanxilu liuhaoyuan yiceng

(+86) 10-8470-0027

09:00-22:00 (월-일)

27 咖啡 (27 kafei를 쓰면 자동으로 바뀌는 한자를 클릭하면 된다)
http://www.dianping.com/shop/28630284

아메리카노(美式咖啡), 헤이즐넛 라떼(榛果拿铁)

27 Cafe

27 咖啡
27 kāfēi

사계절 내내 녹색의 푸르름이 가득한 유기농 카페

유리 천장을 통해 들어오는 자연광, 푸른 계열의 타일 바닥과 식물로 안과 밖을 두른 녹색 벽이 인상적인 27 Cafe의 건물은 이곳의 음식만큼이나 신선한 느낌이다. 원래 결혼식 등의 행사장으로 쓰이던 온실 건물이 카페의 유기농 메뉴에 영감을 받은 상해의 건축 디자인팀의 손을 통해 재탄생했다. 체크 무늬 타일처럼 위쪽 벽 사방을 두른 식물 파사드는 시각적 효과를 낼 뿐 아니라 공기를 정화하는 역할도 해서, 카페에 들어서는 순간 눈과 코가 확 트이는 것만 같다. 카페의 콘셉트를 잘 살린 디자인으로 2015년 홍콩에서 열린 A&D Trophy Awards의 Best Green Design 상을 받았고, 건축물은 많은 해외 디자인 사이트의 관심을 받기도 했다.

ce rêve étrange et pénétrant
D'une femme inconnue,
et que j'aime,
et qui m'aime,
Et qui n'est, chaque fois,
ni tout à fait la même
Ni tout à fait une autre,
et m'aime et me comprend.
But a dream within a dream?
-Edgar Allan Poe
27.
CAFE & BAKERY

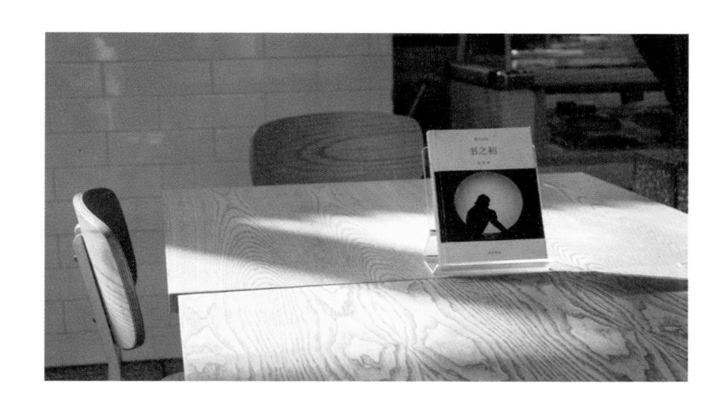

근방의 다른 카페들이 점심 즈음 문을 여는 것과는 달리 27 Cafe는 여는 시간이 비교적 일러 출근 전에 아침 커피와 빵을 테이크 아웃하기 위해 들르는 사람도 많다. 샌드위치와 파니니는 모두 주문을 받은 후 주방에서 직접 만든다. 다양한 스무디와 생과일주스는 신선하다. 디저트로는 케이크류와 젤라토가 있다.

넓은 공간으로 작업하기에도 좋은 27 Cafe의 널찍한 테이블 위에는 각각 다른 작은 시집이 놓여있어 테이블이 시집의 이름으로 불리는 것이 재미있다. 한자로 된 얇은 시집들은 내용을 이해하기 어려워도 괜히 뒤적거리게 된다. 카페 한쪽 벽에는 스탠딩 마이크가 있어 원하는 사람은 시를 낭독할 수 있다. 용기를 내는 사람에게는 커피가 서비스로 제공된다.

27.
27.
27

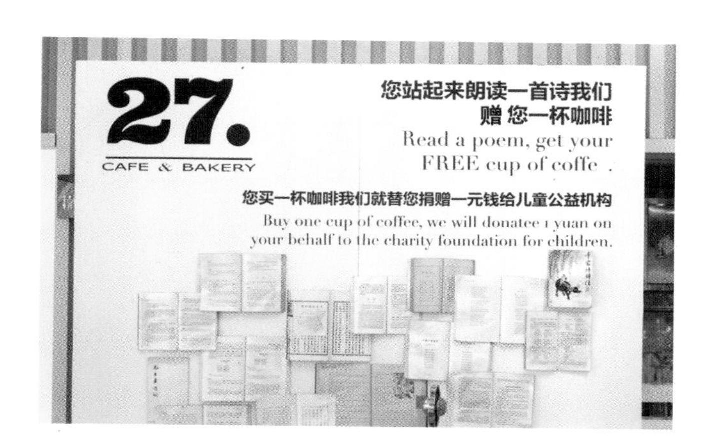

중국어는 성조가 있어, 말투가 비교적 단조로운 표준 한국어가 모국어인 사람은 익숙해지기가 참 어렵다. 그래서 한국인이 하는 중국어는 딱 들으면 티가 난다. 위아래가 넘나들어야 하는데 음치가 부르는 노래처럼 플랫하다(실제로 음치는 중국어를 배우기 더 어렵다고 하던데, 그럼 중국에는 음치가 적은가? 하는 궁금증도 생긴다). 영화 속 탕웨이가 노래하듯 부드럽게 속삭이는 중국어에 반해 그렇게 말하는 사람이 되고 싶었는데, 안 되는 성조를 억지로 끌어내며 말하다 보니 애꿎게 고개를 주억거리며 목소리만 점점 커져 그만 주성치가 하는 중국어가 되고 말았다. 언젠가는 탕웨이처럼 불어 같은 중국어로 시를 낭독해볼 날을 기대해본다.

디저트와 식사를
겸비한 카페

Info

차오양취 싼리툰 지디엔위엔 10동 남1호
朝阳区三里屯机电院10号楼南一号
chaoyangqu sanlitun jidianyuan shihaolou nanyihao

(+86) 10-5701-2155

11:00-23:00 (월-목, 일), 11:00-25:00 (금, 토)

客从何处来 Doko Bar (Doko Bar를 검색하면 자동으로 완성된다)
http://www.dianping.com/shop/66615545

복숭아 재스민 차(水蜜桃茉莉茶), 유자 크레이프(柚子千层)

/

Doko Bar

客从何处来

Kècónghéchùlái

세련된 골드가 만들어낸 프리미엄 디저트의 세계

중국 사람들은 금색을 좋아한다. 14억 인구이니 물론 취향은 제각각이겠지만 외부인이 보았을 때는 확실히 그러하다. 화장품 브랜드의 중국 론칭을 위한 인쇄 광고의 아트 디렉터로 한국에 가서 촬영을 진행하는데, 계속해서 골드 액세서리를 요구하자 한국의 소품팀은 당황스러워했다. "과하지 않나요? 이렇게 골드를 써본 적이 없어서…. 한국 사람들은 금색 별로 안 좋아하니까요."
금색은 촌스럽다. 이런 편견은 Doko Bar에 들어서는 순간 산산이 깨진다. 흰색 벽과 흰색 테이블에 묵직한 금색 의자, 다른 장식 대신 창으로 무늬를 낸 벽에서 들어오는 빛, 테이블 위 꽃의 색감까지, 모든 것이 완벽하게 제자리를 찾은 이곳의 금색은 세련됐다.

고급스러운 인테리어에 절로 꼿꼿해지는 몸을 세우고 조심스럽게 걸어 들어가면 직원이 와서 겉옷을 받아주고 의자를 빼준다. 셀프로 바에서 음료를 받아가 식기까지 치우는 대형 카페들에 익숙하다면 계속해서 찻물을 채워주는 직원의 관심이 어색하게 느껴질 정도로 서비스가 세심하다.

메뉴는 차와 주류, 그리고 디저트류로 이루어져 있다. Hermès,

Cutipol, Nousaku 등 최고급 식기를 선별해 차와 케이크에 알맞게 골라낸다. 아름다운 자태로 마음을 흔드는 식기 위에 세련되게 놓인 디저트, 사랑스러운 모양의 티백까지 한데 어울려 공간과 조화를 이룬다. 먹기 전에 한 번 더 심호흡을 하게 만들 정도로 섬세하고 아름답다. 고급스럽고 세련된 특유의 분위기는 중국의 셀럽과 왕홍들이 자주 찾는 이유다.

新西兰缔怡饮用水（无气&含气）
New Zealand Antipodes (Still& Sparkling)
48/500ml
水蜜桃茉莉茶
Peach Jasmine Tea
78/位
维果清多种莓桂花饮
Osmanthus And Acai Juice
88/位
维果清墨染红尘
Black Flow
78/位
姜梨白茶
White Ginger Pear Loose Leaf Tea
68/位
68/位

가게 한가운데, 계단 옆 위층과 아래층을 넘나드는 공간에 통유리로 예술품을 전시해 한층 더 깊이가 생겼다. 화룡점정은 특이하게도 화장실이다. 호텔식 인테리어에 십수 개의 향수가 준비되어 있어 마음까지 산뜻해지는 화장실은 Doko Bar를 검색하면 사진이 가장 많이 나오는 공간이기도 하다. 청두(成都)시에도 지점을 열었다.

Info

사청취 구로우 동다지에 바오샤 후통 65호
西城区鼓楼东大街宝钞胡同65号
sichengqu gulou dongdajie baoshahutong liushiwuhao

(+86) 10–8565–9295

10:00–22:00 (월–일), 화요일 휴무

Toast at the orchid
http://www.dianping.com/shop/5209711
https://www.theorchidbeijing.com

아포가또(阿芙佳朵), 허머스 & 피타브레드(胡姆斯)

Toast at the Orchid

후통의 전통 가옥이 한눈에 보이는 브런치 카페

북경의 대표 관광지 난뤄구샹 입구의 반대편 골목으로 5분 정도 걷다 보면, 'Orchid'라고 적힌 아주 작은 표지판이 보인다. 자그마한 골목 깊은 곳에 위치한 이 카페는 초행자들에게는 찾기 어려울 수 있지만, 어렵게 찾아간 만큼 기쁨도 커지는 곳이다.

카페이기 전에 호텔로도 유명한 Orchid는 북경에 온 만큼 후통에 '살아보는' 경험을 하고 싶지만, 동시에 깨끗한 시설과 깔끔한 서비스를 포기하고 싶지 않은 사람들에게 가장 인기 있는 숙박 중 하나다. 대형 호텔들의 말끔하지만 일률적인 차가움과, (다 그런 건 아니지만) 실물이 사진과는 차이가 날까 선뜻 다가가기 어려운 에어비앤비 사이에 알맞게 자리 잡은 부티크 호텔이다. 후통의 정취를 느껴보고 싶다면, 오키드 호텔 홈페이지를 통해 예약이 가능하다.

the orchid

처음 북경에 도착해 집을 구할 때까지 한 달간 임시로 후통에 머물고 싶었지만, 싼리툰에 위치한 사무실로 출퇴근하기에는 거리가 멀어 포기한 것이 못내 아쉽다. 그 아쉬움을 이곳에서 달래 본다.

Toast at the Orchid는 오키드 호텔에서 운영하는 카페 겸 레스토랑으로, 서양식 브런치가 유명하다. 중국 음식과는 또 다른 향신료가 가득한 지중해식 퓨전 브런치가 한껏 신선해서 며칠 내내 먹은 중국 음식이 조금 부대끼고 부담스러울 때 먹기 좋다. 카페는 2010년 처음 문을 열어 퀄리티 높은 서양식 브런치를 그리워하던 외국인들 사이에서 먼저 유명세를 탔다. 당시만 하더라도 외국 음식이 생소했던 중국인들이 많아 손님 대부분이 외국인이었고, 북경 한복판에서 중국어보다 영어를 더 많이 접할 수 있는 유일한 곳이었다. 이제는 서구 문화에 익숙해진 중국인들이 입소문을 듣고 찾아오며 후통의 인기 카페가 되었다.

이곳의 포토 스폿은 뭐니 뭐니 해도 후통 전경이 한눈에 들어오는 루프탑이다. 운이 좋으면 루프탑에서 시원한 커피를 마시며, 혹은 기분에 따라 와인이나 맥주를 홀짝이며 겹겹이 이어진 기와지붕에 기울어져 가는 햇살을 보는 여유를 만끽할 수 있다. 워낙 인기가 많고, 소수 인원은 예약을 받지 않기 때문에 빈자리와 좋은 날씨, 두 가지 행운이 따라야지만 누릴 수 있는 호사다. 루프탑 자리를 차지하지 못하더라도 전통 가옥을 살려 꾸민 실내 공간도 충분히 좋다.

Info

동청취 우다오잉 후통 48호
东城区五道营胡同 48号
dongchengqu wudaoyinghutong sishibahao

(+86) 10-5245-1039

09:00-22:00 (월-일)

He Kitchen Co
http://www.dianping.com/shop/57394516

아보카도 주스(牛油果果汁), 재스민 맥주(茉莉花自酿啤酒), 트리오 버거(三合一汉堡)

/

He Kitchen & Co.

블랙 & 화이트의 모던함을 담은 트렌디한 후통의 대표 주자

중국어로 마신다는 뜻의 '흐어(喝, hē)', 요리를 하는 키친(Kitchen), 거기다 뒤에 붙은 컴퍼니(Co.)까지 이름에서 주인의 야심이 느껴진다. 단독으로 이 층 건물을 차지한 카페에 들어서면 바로 보이는 바 위에 걸린 햄(혹은 하몽)과 고기는 스페인풍이다. 일본의 유명 디자이너가 반년에 걸쳐 리모델링한 전통 가옥은 따뜻한 자연이 느껴지는 목재와 시원한 시멘트를 배합해 모던하면서도 공간마다 다른 컬러를 사용해 색다른 느낌을 살렸다.

시크한 레스토랑 같은 어둑한 1층과 달리 2층으로 올라가면 층고 높은 하얀색 인테리어와 비스듬한 지붕의 통창으로 양껏 들어오는 채광이 시원하다. 좁은 후통에서는 만나기 어려운 탁 트인 공간과 세련된 장식이 후통의 많은 가게 중에서도 He Kitchen & Co를 돋보

이게 한다. 이 공간이 생기자마자 많은 힙스터의 이목을 끌었다. 또 2층 한편에는 아담한 루프탑이 있어 밖으로 나가서 앉으면 후통의 나지막한 기와지붕들이 이어진 소박한 풍경이 보인다.

운이 좋으면 이곳에 사는 노란 장묘 고양이를 만날 수 있다. 가끔 산책을 나가고 대체로 기와지붕 위에서 일광욕을 즐기는 고양이는 사람에 익숙하고 애교도 많아서 방문하는 사람들의 사랑을 독차지한다. 사람들은 서로 고양이를 만져주고 싶어 쪼그려 앉아 순서를 기다리고, 고양이는 사람들의 시선을 한껏 즐기는 듯하다. 좁은 루프탑에서 고양이를 보며 웃음 짓는 사람들로 분위기가 친근하고 화기애애하다.

주문 후 바로 만드는 음식은 느리지만 그만큼 신선하고 맛있다. 가장 유명한 메뉴는 소고기, 닭고기, 새우가 각각 들어간 3개의 버거 세트다. 버거에 곁들일 음료로는 이곳만의 메뉴인 재스민 맥주가 특별하며, 여러 종류의 산뜻한 생과일주스도 추천할 만하다.

RED WINE

Info

씨청취 리우인지에 2호
西城区柳荫街甲2号
xichengqu liuyinjie jiaerhao

(+86) 158-0164-4614

11:00-19:00 (월-목), 11:00-20:00 (금-일)

福叁 (pinyin으로 fusan을 검색하면 되며, 소개한 곳은 隐海店 지점이다)
http://www.dianping.com/shop/98639660

살구 케이크(杏儿), 스트로베리 막걸리 칵테일(草莓米酒冰滴)

/

福叁

fúsān

모양도 맛도 예쁜 삼구 디저트로 SNS를 달군 핫한 카페

호하이 호수의 버드나무 길을 걷다가 남서쪽으로 난 길을 따라가면 조금 다른 분위기의 거리를 즐길 수 있다. 자그마한 가게들이 늘어선 거리를 구석구석 탐방해보면 이색적인 공간들을 찾아내는 재미가 가득하다. 푸산(福叁)도 많은 가게 사이 동그랗게 뚫린 출입문이 귀여워서 눈길이 가는 곳이다. 이 동그란 문은 중국 전통 정원에서 자주 보이는 월령문(月亮门, yuèliangmén, 보름달처럼 동그랗다고 해서 붙여진 이름)의 모양에서 따온 것이다.

중국에서 광고 전략을 짜기 위해 소비자를 연구하다 보면 자주 느끼는 점은 중국인들은 전통과 고전에 대한 애착이 다른 어떤 나라보다 강하다는 것이다. 천하를 호령하던 그 시절에 대한 자부심에서 오는 애정일까. 최근의 광고 문구에도 사자성어나 고전문학을 차용해서 사용할 때가 많고, 젊은 중국 친구들도 이를 보며 고루하다고 느끼

기보다는 오히려 자기를 잘 표현해주는 광고라고 생각한다. 젊은 층에서 적극적으로 전통과 고전을 재해석하며, 때로는 하나의 예술로, 때로는 놀이문화로 승화시켜 즐기다 보니 그러한 문구가 더 잘 와닿는 것 같다.

福叁 역시 전통을 즐길 줄 아는 청년이 만든 카페다. 메뉴 구성을 보면 커피, 케이크, 무스 등 서양식 메뉴가 주를 이루면서, 동시에 디저트가 담긴 여백이 있는 플레이팅에서는 중국 고전 예술의 여유로운 화풍이 느껴진다. 벽을 장식하는 문구 역시 고전 소설에서 따왔

으며, 인테리어도 중국 수묵화가 연상되도록 기와와 거울을 이용한 '그림'을 그려놓았다. 작은 공간이지만 깔끔하면서도 전통을 살려 현대식으로 재해석된 모습에 구석구석 눈길이 머무는 장소가 많다. 들어서면 오른쪽에는 바리스타 겸 베이커의 바가 있고, 왼쪽에는 다인용 테이블이 있다. 가장 탐나는 곳은 가게의 작은 현관에 구성한 1인 자리다. 왼쪽의 월령문으로 빛이 따뜻하게 새어 들어와, 여기에 편안하게 자리 잡고 책을 읽으며 커피를 마시면 새로 가게 안을 들어서는 손님들에게도 그 여유가 전해진다.

福叁

이곳은 동그란 과일 모양을 재현한 살구 케이크가 가장 유명하다. 인스타그램(혹은 중국에서는 위챗 모멘트)에 올리기 딱 좋은 앙증맞은 모양으로 인기가 많다. 물론 모양만 예쁜 것은 아니다. 완벽하게 둥근 표면에 숟가락으로 부드럽게 퍼내 한입 물면, 달콤한 크림에서 살구 향이 입속에 확 퍼진다. 상큼하고 달달해서 이곳의 맛있는 커피와 찰떡궁합이다. 커피는 차가운 우유에 뜨거운 에스프레소를 올린 Dirty가 가장 유명하고, 차가운 스트로베리 막걸리 칵테일이 독특하다. 치엔먼에도 지점을 오픈했다.

Info

시청취 양팡 후통 9호
西城区羊房胡同9号
xichengqu yangfanghutong jiuhao

(+86) 10-5391-5534

10:00-21:30 (월-일)

Fab Cafe
http://www.dianping.com/shop/67104590

2인 오후 차 세트(奢华版双人下午茶), 몽블랑 케이크(蒙布朗), 아이스 아메리카노(冰美式)

Fab Cafe

부티크 호텔에서 즐기는 럭셔리 디저트 전문 커피숍

인기 관광지인 호하이는 언제나 사람들로 북적인다. 그 인파에 지쳐 갈 때쯤 호하이의 서쪽 방향으로 움직이면 넓고 한적한 Fab Cafe가 있다. 고급 호텔인 Vue Hotel에 속한 베이커리 겸 카페인 Fab는 호하이 근처의 작은 가게들과는 전혀 다른 분위기를 풍긴다. 도시적이고 세련된 인테리어를 자랑하는 내부는 모던하면서도 폭신한 좌석이 많이 준비되어 있고, 인공잔디를 깐 테라스는 호젓하고 여유롭다. 테라스는 반투명한 담과 나무로 바깥의 거리와 반쯤 단절되어 있어서 조용한 시간을 즐길 수 있고, 고급스럽지만 위압감 없이 편안한 분위기다.

호텔에서 이어지는 매끄러운 인테리어, 작고 예쁜 케이크가 칼같이 줄 맞춰 진열된 쇼윈도 뒤 상냥한 말투의 직원이 풍기는 분위기와는 달리 가격은 놀라울 정도로 부담이 없다. 애프터눈 티 세트를 주문해 세 가지 케이크와 차를 함께 맛보거나, 단품으로 즐길 수 있다. 완벽한 자태를 자랑하는 케이크는 바르셀로나에서 온 유명 셰프 이그나시 프래츠(Ignasi Prats)의 작품이다. 프랑스 디저트가 전공이라고 한다. 당도가 아주 높은 편이라 씁쓸한 커피나 차와 함께 하는 것이 좋다.

공간이 넓고 자리가 많아 머무는 시간이 길어져도 부담스럽지 않아서 좋다. 커피와 디저트로 카페인과 당을 충전했으면 잠시 일어나서 건물을 둘러보는 것도 즐겁다. 구석구석 신경 쓴 화려한 인테리어가 눈을 즐겁게 하고, 바깥에 나가면 호텔의 아이콘인 지붕 위 분홍 토끼 조각상이 위트 있다. 같은 셰프가 요리하는 고급 레스토랑 Pink Rabbit과 멋진 루프탑을 자랑하는 바 Moon도 호텔 내부에 함께 위치해 있다.

Info

시청취 랑팡토우티아오 21하오위엔 베이팡 W2하오로우 1층
西城区廊房头条21号院北京坊W2号楼1层
xichengqu langfangtoutiao ershiyihaoyuan beijingfang W erhaolou 1ceng

(+86) 10-6316-9199

11:00-14:00, 14:30-17:00, 17:30-22:00 (월-일)

Café & Meal Muji
http://www.dianping.com/shop/110825107

키위 시금치 주스(奇异果菠菜果昔)

/

Cafe & Meal Muji

Simple is Best. 무인양품의 감성을 그대로 담아낸 무지 카페

무인양품에서 호텔 사업에 진출한다는 소식을 듣고 많은 사람이 기대와 관심을 표했다. 무인양품과 나오토 후카사와는 디자인을 공부한 학생이라면 한 번쯤 거쳐 가는 선망의 대상이다. 지금은 많이 대중화되어 무인양품이라는 브랜드에 더 이상 흥분하지는 않지만, 변치 않고 이어가는 가치관에 여전히 존경을 표하게 된다. 그런 무인양품이 호텔 첫 지점을 중국에 열었다. 북경점과 센젠(深圳)점이 바로 무인양품 호텔의 첫 번째와 두 번째 지점으로, 오픈이 예정된 도쿄의 긴자 지점보다도 먼저다.
북경 지점은 치엔먼 지하철 역 바로 앞, Play Beijing 구역의 정면에 위치해 있다. 세계에서 가장 크다는 축구장 다섯 개 규모의 스타벅스 상해점에 대항하듯 오픈한 스타벅스 북경 플래그십 스토어와(상

Café & Meal MUJI
灭火器箱
火警 119
FIRE ALARM 119
出口
Exit

해와 라이벌 의식이 있는 북경 사람들은 상해에 가장 큰 스타벅스가 있다는 것을 참을 수 없었다는 트리비아가 있다) 위워크의 치엔먼점 근처에 있어 새롭게 구성되는 상업지구를 노리고 선정한 위치 같다. 호텔 건물의 1층에 들어서자마자 왼쪽으로 보이는 무지 카페는 딱 무지 그 자체다. 군더더기가 없다는 뜻이다. 간단한 식사와 커피로 구성된 세트 메뉴를 고르면 감탄이 나오지는 않지만 실패할 일 없는 깔끔한 음식이 나온다. 중국 현지에 맞춰 주식 메뉴 중 빠오즈(包子, bāozi, 찐만두)를 고를 수 있다. 혼자 여행 중이라면 식사를 어떻게 할지 고민될 때 편한 마음으로 부담 없이 오기에 적합하다.

7층에는 좀 더 본격적인 식사를 할 수 있는 무지 레스토랑이 있다. 레스토랑에서 바깥으로 이어진 테라스는 최고의 뷰를 자랑한다. 치엔먼에서부터 톈안먼을 거쳐 자금성까지 죽 이어진 북경의 중심을 내려다보는 광경이 장관이다. 꼭 레스토랑에서 식사하지 않아도 테라스로 나가서 뷰를 즐길 수 있다. 톈안먼 앞 광장은 광활할 정도로 드넓고 둘러싼 건물들은 큼직큼직해서 중국 권력의 중심이라는 것을 한눈에 실감하게 된다.

1층 카페 맞은편 작은 서적 코너에는 중국, 일본, 유럽의 디자인/미술/요리/여행책들이 잘 큐레이팅 되어 있다. 식사 후 푹신한 무지 빈백 소파에 앉아 잠시 독서의 시간을 가지며 여행 중 쌓인 피로를 푸는 것도 좋다. 지하에는 무인양품 상점이 있다.

请勿吸烟
NO SMOKING

북경의 공원

차오양 공원

차오양취 차오양공위엔 난루 1호
朝阳区朝阳公园南路1号
chaoyangqu choyanggongyuan nanlu yi hao

(+86) 10–6595–3490

06:00–22:00 (21:00 입장 마감, 4–10월), 06:00–20:00 (20:00 입장 마감, 11–3월)

朝阳公园 (pinyin으로 chaoyanggongyuan를 쓰면 자동으로 바뀌는 한자를 클릭하면 된다)
http://www.dianping.com/shop/61056130

퇀지에후 공원

차오양취 퇀지에후 난리 16호
朝阳区团结湖南里16号
chaoyangqu tuanjiehu nanli shiliu hao

(+86) 10–8597–3603

06:00–21:30 (비수기), 06:00–22:00 (성수기)

团结湖公园 (pinyin으로 tuanjiehugongyuan를 쓰면 자동으로 바뀌는 한자를 클릭하면 된다)
http://www.dianping.com/shop/65486529

/

차오양 공원 퇀지에후 공원

朝阳公园 团结湖公园

Cháoyánggōngyuán Tuánjiéhúgōngyuán

전통 있는 도시에 사는 것이 가장 좋을 때는 도시의 오랜 역사만큼 커다랗고 울창하게 뻗은 웅장한 나무들을 마주할 때다. 사람들이 만든 미술품이나 건축물과는 또 다른 아름다움이 있고, 바삐 돌아가는 일상 속에서 잠시 숨을 멈추고 도시의 긴 역사를 상상하게 한다.

나이 지긋한 나무들이 울창한 북경의 공원은 그들이 살아온 긴 시간만큼 아름답다. 공간을 아껴 쓰지 않은 커다란 공원은 호수, 잔디밭, 정자, 산책로, 공터를 모두 갖추고 있어 걷기에도, 놀기에도 좋다. 중국 사람들은 이러한 공원들을 정말 잘 활용한다. 잘 조성된 시설 덕인지, 단체 활동을 선호하는 사람들의 특성인지, 공원을 즐기는 사람들이 참 많다.

이른 아침과 해 질 녘에는 곳곳에서 열 맞춰 광장무를 하는 어른들이 보이고, 주말에는 정장과 원피스를 차려입은 남녀가 커플 댄스를 추기도 한다. 나무 아래 그늘진 공터에서 짝을 맞춰 춤추는 사람들을 보고 있으면 시간 가는 줄 모른다. 그밖에도 배드민턴을 치는 가족들, 호수를 바라보며 퉁소를 연습하는 노인, 단체로 무술 시합을 벌이는 청년들 등 다양하게 활동하는 사람들의 활기가 구경하는 이들에게까지 전해져 온다.

차오양 공원(朝阳公园, Chāoyánggōngyuán)은 북경에서도 가장 큰 공원 중 하나다. 북경의 센트럴 파크 같은 이 공원에는 가운데에 작은 놀이 공원도 있어서 주말에는 가족 단위로 놀러 온 사람들이 많다. 하지만 공원이 워낙 커서 놀이 공원 주변만 빼면 북적이지 않는다. 목요일 저녁에는 계절을 가리지 않고 매주 외국인들의 조기축구회가 있고, 봄에서 가을까지는 일요일 오전마다 누구나 참여할 수 있는 공원 요가 수업이 열린다. 잔디밭에 매트를 깔고 땀을 흘리면서 몸을 움직이다 보면 자연과 하나가 되는 기분이다. 일요일 아침에 일어나면 침대 안에서 늦잠을 자고 싶어 한참 고민하지만, 몸을 이끌고 나가면 흙냄새와 풀냄새가 그렇게 좋을 수 없다. 날씨가 허락하지 않거나 미세먼지 수치가 심하면 열리지 않는다. 중앙의 큰 호수에서는 배를 탈 수도 있다. 차오양 공원의 입장료는 5위안으로 현금이나 교통카드로 지불이 가능하다.

퇀지에후 공원(团结湖公园, Tuánjiéhúgōngyuán)은 차오양 공원보다는 훨씬 작지만 아기자기한 운치가 있다. 입장료가 없어서 부담 없이 드나들 수 있는 이곳에도 역시 중앙에 작은 인공호수를 조성했는데, 그 주변을 따라 산책로를 예쁘게 만들어놓았다. 작다고는 해도 호수 주변을 천천히 걸으면 한 바퀴를 도는데 40분이 넘게 걸린다. 스케치북을 들고 가서 벤치에 앉아 그림을 그리고 있으면 해가 금세 저물어 버린다. 공원은 밤이 되면 문을 잠그기 때문에 그 전에 나가야 한다.

공원에는 음식을 파는 노점상도 많다. 잔디밭에 들어가지 말라거나, 음식물을 제한하는 법이 없어 시원한 커피나 맥주를 들고 돗자리에 누워 휴식을 취하기도 좋다. 그럼에도 관리가 잘 되는 편이라 쓰레기 없이 깨끗하고 잔디는 언제나 푸르다. 북경에 왔으니 로컬들이 잘 마시는 밀크 폼을 얹은 버블티나 슈퍼에 딸린 가게에서 파는 생과일주스를 마셔도 좋다. 생과일주스는 원하는 과일 조합대로 즉석에서 만들어주는데, 과일이 싱싱해서 굉장히 달고 맛있다.

베이징 메이트의 낮 따라 밤 따라 마시러 떠나는 여행

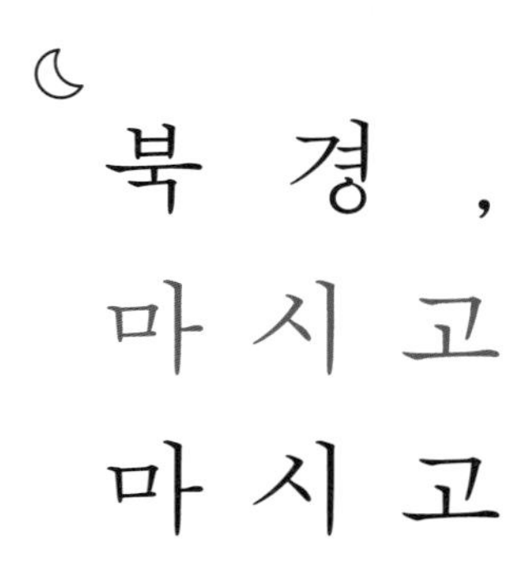

一饮，北京

몽림·안정은 지음

이담 Books

Contents

/ 예술 감각이 돋보이는 공간

/ 조금은 특별한 밤을 보내고 싶다면

장소에 따라 가보는 지도 맵

Logsdon
organic
Farmhouse Ales
Straffe Drieling
Seizoen
Autumn Saison
Kinetic
Oak Brett
BREW

북경의 밤에 취하다

on Tap
Half Pint
Full Pint
LITTLE CREATURES PAL
35
50
LITTLE CREATURES BRIGHT
35
50
LITTLE CREATURES ROGERS'
50
LITTLE CREATURES PILSNER
35
50
LITTLE CREATURES IPA
35
50
LITTLE CREATURES DOG DAYS
35
50
BBIT WHITE ALE
35
50
BBIT DARK ALE
35
50
CRUSH CIDER
35
50
158

시원한 맥주를
마실 수 있는 곳

Info

	량마치아오점	본점_ 도우지아오 후통점(豆角胡同, doujiao hutong)
주소	차오양취 신위엔지에 45-1호 朝阳区新源街45-1号 chaoyangqu xinyuanjie sishiwu jian yihao	동청취 디안먼와이다지에 도우지아오 후통 6호 东城区地安门外大街豆角胡同6号 dongchengqu di'anmenwaidajie doujiaohutong liuhao
전화	(+86) 10-5947-6984	(+86) 10-6406-0510
시간	11:00-25:00 (월-목, 일), 11:00-26:00 (금, 토)	12:00-23:00 (월-목, 일), 12:00-23:30 (금, 토)

Great Leap Brewing
(검색 시 4 개 결과 중 량마치아오점은 新源街店을, 본점은 豆角胡同店을 선택하면 된다)
http://www.dianping.com/shop/18637430 (량마치아오점)
http://www.dianping.com/shop/4685626 (본점)
http://www.greatleapbrewing.com

Pale Ale #6, Honey Ma

Great Leap Brewing

大跃啤酒

Dà yuè píjiǔ

북경 크래프트 비어 씬의 창시자, 북경 대표 맥줏집

Great Leap Brewing(이후 표기 GLB)은 2010년 오픈 이후 징에이(京A)와 함께 북경 맥주 씬의 양대 산맥을 맡고 있다. 러시아와 독일에서 온 정착민들로부터 시작된 맥주 공장에서 만든 가벼운 라거 형태의 맥주가 주를 이루던 북경에 처음으로 크래프트 맥주를 들여온 것이 바로 GLB다. 중국의 IT 산업계에 종사하던 미국 태생의 주인이 밤낮없는 근무 시간에 지쳐 회사를 그만두고 부인과 함께 유럽 여행을 떠나 크래프트 맥주 문화를 접했다. 여기서 영감을 얻어 중국인 입맛에 맞는 메뉴를 개발해 북경에 가게를 열었다는, 익숙하지만 흔하지 않은 성공 스토리가 GLB를 더욱 흥미롭게 만든다. 이야기의 주인공은 GLB의 주인이자 브루마스터 칼 셋저(Carl Setzer)로, 그렇게 중국의 기나긴 노동시간에 지쳐버린 한 월급쟁이에 의

해 북경의 크래프트 맥주 시장이 열렸다. 칭다오(Qingdao), 하얼빈(Harbin), 북경의 옌징(Yanjing) 맥주 등 라거만으로도 이미 인구수로는 세계 최대의 맥주 시장을 가진 곳이 중국이니 던져볼 만한 도전이었다.

북경 회사들의 노동시간 역시 한국에 뒤지지 않는다. 특히 알리바바, 텐센트 등 중국의 산업을 주도하는 큰 회사들은 퇴근이 없는('늦은'이 아니다. '없는'이다) 근무 시간으로 유명하다. 한국과의 차이라면 이러한 회사들은 성장세에 신난 젊은이들이 자처해서 일을 벌이고 야근을 한다는 점이다. 큰 규모의 시장과 성장세인 경제로 긍정적이고 낙관적인 기운은 확실히 한국 회사에서는 느끼지 못했던 분위기였다. 나의 아버지, 어머니 세대의 회사들이 이런 분위기였을까, 짐작해본다. 그들이 왜 워크 앤 라이프 밸런스를 찾는 젊은 세대를 이해하지 못하는지도 조금은 알 것 같다. 성장 곡선이 너무나도 다른 지점을 사는 현세대와 윗세대는 서로 다른 세상에서 온 것이나 마찬가지니까.

칼 셋저는 로컬들에게 더 친숙하게 다가가기 위해 중국에서 익숙한 재료를 사용했다. 사천의 후추 열매, 산동의 대추, 그리고 중국 우롱차 등을 넣어 개발한 메뉴는 이미 크래프트 맥주에 익숙한 외국인들에게도 중국의 맥주만이 가진 개성으로 큰 인기를 얻었다. GLB의 비교적 순조로운 항해 이후로 많은 브랜드가 론칭해 각축을 벌이

지만, GLB는 여전히 강호의 자리를 놓치지 않는다. 안주도 없이 오직 맥주만으로 승부를 본 후통 골목의 첫 번째 가게 도우지아오 후통점(豆角胡同, dòujiǎo hútong)의 성공 이후 량마치아오(亮马桥, liàngmǎqiáo)에 지점을 열었다. 공간이 훨씬 넓은 량마치아오점에는 뉴욕식 피자와 프라이 등 음식도 함께 판매한다.

두 지점 모두 어떤 시간에 가도 사람들이 북적이고 대화가 활기찬 맥줏집다운 맥줏집을 만나게 될 것이다. 후통의 첫 번째 지점 내부는 맥주 탭과 몇몇 개의 의자만 있는 작은 공간이라, 가게 앞 작은 정원이 주요 자리다. 야외 정원에는 의자가 부족할 정도로 사람이 많아서 맥주잔을 손에 든 채 서서 대화를 나누는 사람들도 많다. 퇴

근 시간 영국의 스탠딩 바 같은 느낌도 난다.

두 번째 지점인 량마치아오점은 공간이 굉장히 큰, 미국의 피자집이 연상된다. 텔레비전 화면에서는 계속해서 스포츠 경기가 나오지만 크게 신경 쓰는 사람은 없고, 뉴욕식 피자와 맥주를 들고 자리를 차지한 사람들, 맥주를 들고 이리저리 오가며 떠드는 사람들, 바에 앉아서 혼자만의 시간을 즐기거나 친구를 기다리는 사람들로 가득하다. 시끌벅적한 매력에 정신없이 맥주와 피자를 받아 들고 한 입 베어 물면, 보기보다 훨씬 맛있는 피자에 깜짝 놀라게 된다.

*사진은 량마치아오점

북경 대표 크래프트 비어 '京A'

북경에 많은 브루어리가 생기며 크래프트 비어가 점차 대중화되어가는 시점, 몇몇 브루어리에서는 본인들만의 제조 비법이 들어간 인기 제품을 양산 판매하기 시작했다. 그 대표적인 브랜드가 京A(Jing A)이다.

京A라는 이름에는 재미난 이야기가 있다. 북경은 인구가 굉장히 많은 대도시라 교통체증을 막기 위해 오가는 차량을 통제한다. 북경에서 나온 차량 번호판이 아닌 경우, 이른 시간에 출근하지 않으면 차를 가지고 들어오지 못할 수도 있다. 북경에 집을 가진 거주민이 아니면 북경의 차량 번호판을 발급받지 못하기 때문에 이 번호판은 부러움의 대상이다. 번호판은 북경(北京)의 경(京) 뒤에 알파벳이 붙고 숫자가 이어지는 형식으로, 북경 번호판을 뜻하는 京A는 북경에서 생활을 꾸리고 싶어 하는 많은 사람의 로망이기도 하다. 바로 거기서 차용한 이름을 사용할 만큼 북경에 뿌리를 두었다는 자부심을 그대로 담아낸 이 브랜드는 IPA, Wheat, Pale Ale 등 다양한 종류의 맥주 라인을 보유했다.

벨기에 밀맥주를 북경 스타일로 재해석한 Mandarin Wheat는 부드러운 목 넘김을 좋아하는 사람들에게 인기가 많고, 개인적으로도 가장 좋아하는 맥주이기도 하다. 북경에서 어떠한 맥주를 마실지 모를 때는 무조건 京A를 시키면 된다는 말이 있을 정도로 대표성을 띠는 맥주이며, 그만큼 호불호가 적은 대중적인 맛이다. 대표지점은 젠트리피케이션에 밀려 문을 닫았지만 다른 지점들이 여전히 성황리에 영업 중이고, 북경의 여러 레스토랑과 맥줏집에서도 京A의 맥주를 맛볼 수 있다.

– 京A 홈페이지_ http://jingabrewing.com

Info

차오양취 신동루 1호 리앙마흐어 난루 2층 단독 건물
朝阳区新东路1号亮马河南路二层独栋
chaoyangqu xindonglu yihao liangmahenanlu erceng dudong

(+86) 10–8532–5335

11:30–23:30 (화–일), 월요일 휴무

Arrow Factory Brewing
http://www.dianping.com/shop/9959670
http://www.arrowfactorybrewing.com

Guanxi Pale Ale(关系), English Breakfast Set(英式早餐套餐), 수제 치즈 머쉬룸 버거(芝士蘑菇汉堡)

Arrow Factory Brewing

箭厂啤酒

Jiàn chǎng píjiǔ

1층의 대형 맥주 탱크에서 직접 숙성한 신선한 맥주를 맛볼 수 있는 펍

량마천(亮马河, liàngmǎhé) 주변에 조성된 주택단지에 자리 잡은 Arrow Factory Brewing은 북경으로 이주한 두 라오와이(老外, lǎowài, 외국인을 일컫는 말)의 야심작이다. 후통의 손바닥만한 가게에서 브루잉을 시작한 둘은 몇 년의 노력 끝에 이곳에 꿈꾸던 가게를 열었다.

3층 건물을 독차지한 가게의 입구에 들어서자마자 보이는 것은 커다란 금속 맥주 탱크다. 1층의 좌석을 모두 포기하고 오직 맥주를 만드는 공간으로 활용한 것이 맥주에 대한 두 주인의 열정과 자부심을 보여준다. 브루잉 공간 옆, 구석의 나무 계단을 올라가면 2층의 아늑한 펍이 따뜻한 분위기로 반겨준다.

바 좌석 앞에서는 활기차고 젊은 직원들이 맥주를 따르고 그 주변으

로 여럿이 함께 앉는 테이블이 있다. 공간 한쪽을 차지한 커다란 사각형 테이블은 반대편 벽을 가득 메운 커다란 스크린에서 중계 중인 스포츠 채널을 보기 위한 자리다. 그때그때 시즌에 따라 축구, 럭비, 하키 등 다양한 스포츠를 틀어줘서 맥주를 들이켜며 경기를 즐기러 온 사람들이 많다. 중국 국가대표팀은 본선 진출을 한 적이 거의 없음에도 불구하고 중국의 월드컵 열기는 굉장히 뜨겁다. 월드컵 시즌이 되면 술집마다 스크린을 내걸거나 대형 TV로 월드컵 중계 홍보를 하기 바쁘다. 자국팀을 응원하는 대신 브라질, 스페인, 포르투갈 등 잘하는 팀을 각각 응원하며, 메시나 호날두 같은 선수들의 인

기도 높다. 광고인인지라 월드컵 시즌에 어떤 기업들이 어떤 광고를 트는지 눈여겨보게 되는데, 많은 회사가 국적을 가리지 않고 톱 선수들을 앞다투어 계약해 제작한 광고들이 인상적이었다. 그만큼 비용을 써서 광고를 만들 만큼 월드컵 수요가 상당히 크다.

스포츠 채널이 취향이 아니라면 한 층 더 올라가, 조용한 좌석과 분위기 있는 테라스로 나가보자. 주변에 높은 건물이 없어 루프탑에 앉으면 멀리 이어지는 북경의 시원한 경치를 내다볼 수 있다. 그래서인지 이곳은 언제나 사람들로 북적인다.

하나둘 늘어나는 북경의 브루어리들과 Arrow Factory Brewing의 차

关
系
GUANXI
PALE ALE
Gets the job done.
ENGLISH ALE
BELGIAN ALE
RYE PA

별점은 음식이다. 비교적 간단한 스낵을 다루는 다른 크래프트 맥줏집과는 달리 수제 소시지, 고기 파이, 스테이크 버거 등 맥주와 함께 하기 좋은 기름진 메뉴를 내놓는다. 이곳의 음식은 충분히 육식주의자들의 사랑을 받을 만하다. 고기를 먹지 않는 사람들을 위해 허머스 등의 채식 요리도 제공한다. 공들여 만든 음식은 영국, 독일, 미국, 벨기에 등 여러 국가 스타일의 맥주를 라거부터 에일까지 다양하게 보유한 이곳의 맥주와도 안성맞춤이다. 배고플 때 방문하면 맛있는 안주와 맥주가 배를 기름지게 채워줄 것이다.

Info

차오양취 춘시우루 공티베이루 1호
朝阳区春秀路工体北路1号
chaoyangqu chunxiulu gongtibeilu yihao

(+86) 135–5292–5825

15:00–24:00 (월–금), 11:30–24:00 (토, 일)

Little Creatures
http://www.dianping.com/shop/97812236

Craft Pilsner, Pale Ale

Little Creatures

酒花精灵

Jiǔhuā jīnglíng

호주 브루어리의 노하우를 담은 세련된 페일 에일 맥줏집

북경의 거대한 주류 시장에 비해 크래프트 맥주는 이상하게도 예상만큼 성장하지 못했다. 많은 국내외의 브루어리들이 도전장을 내밀었다가 힘겨운 몸부림 끝에 조용히 물러났다. 북경 크래프트 맥주 시장의 양대 산맥 京A와 Great Leap Brewing의 성공 이후 세 번째 성공 신화를 꿈꾸며 여러 작은 브루어리들이 사투를 벌이던 중, 호주에서 온 브루어리 Little Creatures가 맥주 시장에 또 한 번의 작은 변화를 꿈꾸며 싼리툰에 둥지를 틀었다. 이미 홍콩과 상해에서 성공적으로 론칭한 후 세 번째로 중국 시장의 문을 두드리는 거라, 정체된 크래프트 맥주 시장에 활력을 불러일으키는 작은 계기가 되기를, 맥주를 사랑하는 많은 애주가들이 한껏 기대감을 표했다.

북경의 밤에 취하다

호주에서 마이크로 브루어리로 시작한 Little Creatures는 페일 에일에 집중했다. 굉장히 산뜻하고 가벼우면서도 쓴맛의 여운을 남기는 페일 에일을 다양하게 갖추고, 기본 사이즈를 앙증맞은 파인트(약 330mL)로 작게 하여 헤비하게 즐기는 애주가들보다는 가볍게 즐기길 원하는 고객들에게 접근성을 높였다. 다른 두 대표 맥주 브랜드와의 차별점이자, 아직은 크래프트 맥주에 덜 친숙한 로컬들에게 쉽게 다가가는 방법이 될 것 같다.

가게도 깔끔하고 분위기 있어 친구들끼리 우르르 몰려와 잔뜩 취하기보다는 조용히 데이트하거나 조곤조곤 대화를 나누기 좋다. 노출 콘크리트에 오픈 바 뒤로 탭이 보여 브루어리의 느낌을 살리면서도 나무 벤치와 로고 모양의 천 쿠션, 노란 조명으로 따뜻하고 아늑한 기운이 가득하다. 그러면서도 벽을 장식한 거대한 그라피티는 힙함을 잃지 않는다. 음식은 조금 아쉬운 편이라 식사 후에 가는 것이 좋다. 마음에 드는 맥주는 캔에 담아서 사갈 수 있는 점이 귀여운 보너스다.

LITTLE CREATURES BREWING
Your Favourite
Beer!

Info

차오양취 지엔구어먼 와이다지에 1호 구어마오 빌딩 B동 F1
朝阳区建国门外大街1号国贸大厦B座F1
chaoyangqu jianguomen waidajie yihao guomao dasha B zuo F yi

(+86) 10–8647–1098

11:00–26:00 (월–목, 일), 11:00–27:00 (금–토)

Beersmith
http://www.dianping.com/shop/91672054
http://www.golden-circle.com/thetable/restaurants-bars/hotel-jen-beijing/beersmith-gastropub

4종 크래프트 비어 Tasting Set(四种啤酒套餐), 수제 비프 버거(牛肉汉堡)

Beersmith Gastropub

퇴근 후 한잔하기 좋은 모던한 개스트로펍

Beersmith의 군더더기 없이 깔끔한 로고가 박힌 유리문을 열고 들어가면 "정말 구어마오 같다!"는 탄성이 먼저 나온다. 큰 규모와 모던한 인테리어가 구어마오의 매끈한 초고층 건물, 늘어선 고급 호텔과 명품 샵, 지하의 번쩍번쩍한 쇼핑 거리의 이미지와 딱 들어맞아서 절로 감탄을 자아냈다.

Hotel Jen에서 운영하는 Beersmith는 드넓은 공간을 수많은 좌석, 들어서자마자 시선을 압도하는 거대한 맥주 탱크, 라이브 밴드를 위한 무대, 당구대와 푸즈볼, 십수 개의 스크린으로 채웠다. 이러한 어마어마한 규모감에 '마이크로 브루어리'로 분류하기에는 조금 머쓱한 기분이 든다. 취급하는 크래프트 맥주로는 분명 마이크로 브루어리에 포함되지만, 이곳은 북경의 다른 맥줏집들과는 분위기가 달라

YAMAHA
BEERSMITH

도 한참 다르다. 그건 아마도 규모뿐 아니라 그 공간을 채운 사람들 때문일 것이다. 주변의 사무실에서 일하던 사람들이 회식이나 혹은 퇴근 후 한잔하기 위해 들르는 곳이라 정장과 모던한 드레스 차림이 대세를 이뤄, 조금 사무적이고 훨씬 더 포멀(Formal)하다. 소박한 매력을 풍기는 공간과는 정반대에 선 스팀펑크 스타일의 거대한 12개의 구리색 맥주 탱크와, 지하에 위치한 브루잉 공간에서 바로 끌어올린다는 높이 솟은 맥주 탭은 아주 세련된 고급 호텔의 로비 같은 위압감을 준다.

북경의 밤에 취하다

250석이 넘는 큰 가게는 구역을 나누어서 다양한 용도로 활용할 수 있게 했다. 라이브 공연이 이루어지는 무대, 거대한 스크린으로 스포츠 영상을 볼 수 있는 바, 그리고 푸스볼과 당구대를 놓은 게임 코너 등 어떤 취향의 손님도 만족하게끔 구성했다.
업무에 지쳐 퇴근한 직장인들에게 아주 작은 생각거리도 더하지 않겠다는 가게의 배려인 듯, 맥주 메뉴는 IPA, Pilsner, Stout 등 이름도 정직하고 단순하다. 특히 맥주를 먼저 다양하게 맛볼 수 있는 테이스팅 메뉴는 거대한 양조 탱크와 함께 맥주에 대한 자부심을 내비친다. 버거, 치킨, 프렌치프라이 등의 메뉴는 호텔의 개스트로펍답게 모두 맛있다. 특히 맥주로 숙성한 포크 립과 와규로 만든 프리미엄한 버거가 유명하다. 맥주를 넣은 밀크셰이크는 어른들의 길티 플레저 같은 재미있는 Beersmith만의 메뉴이다.

Info

동청취 팡지아 후통 46호 내 E101호
东城区方家胡同46号 内E101号
dongchengqu fangjiahutong sishiliuhao nei E yilingyihao

(+86) 10–6401–1572

16:00–26:00 (월–일)

Peiping Machine
http://www.dianping.com/shop/66035043

Beiping Wheat Beer(北平小麦), Strawberry Wheat Beer(草莓麦啤)

Peiping Machine

北平机器精酿啤酒

Běipíng jīqì jīng niàng píjiǔ

중국 각지의 개성 만점 크래프트 맥주가 모인 북경 최대 탭하우스

오래된 거리, 계획 없이 들어선 가게들로 무질서함이 매력인 후통은 몇 년 전부터 중국 정부가 재개발을 진행하면서 '깨끗해지기' 시작했다. 좁은 길을 더 좁게 만들던 골목 위 노상 테이블과 리어카 상인들이 사라지고 작은 가게들이 있던 자리는 언제 그랬냐는 듯 새로 올린 평평한 벽돌벽으로 대체되었다.

몇 년 전 서울시에서 '보기 좋은' 거리를 만들겠다며 간판의 글꼴을 몽땅 통일해버렸을 때의 싸한 정돈됨으로 많은 이들의 안타까움을 자아냈던 때와 비슷하다. 아니 그렇게 과거까지 가지 않아도, 사전 통보도 없이 갑작스럽게 이루어진 을지로 재개발 당시의 충격을 생각해보면 된다. 며칠 전에 통보하고 항의할 새도 없이 가게를 없애버리거나, 하루아침에 상권이 싹 사라져 비어버린 거리는 그 어마무

시함으로 사람을 무기력하게 만들어버린다. 그 타격을 가장 먼저 받은 곳 중 하나가 팡지아 후통이다. 개성 있는 술집들이 가득하던 그곳은 전에 비해 규모가 굉장히 작아지고 말았다.

살아남은 몇 안 되는 가게 중 하나가 바로 Peiping Machine이다. 공사 중인 어수선한 입구를 거쳐 안으로 들어가면 그 이유를 자연스레 알게 된다. 높은 층고의 이 층 건물에 넓고 모던한 벽돌 인테리어는 작고 조악한 (그래서 매력적인) 후통의 가게들과는 전혀 다른 느낌의 정돈된 매력을 자랑하기 때문이다. 원래 공장이었던 건물을 리모델링해서 오픈했는데, 기존 건물의 느낌은 거의 없지만, 공장의 규모감은 그대로 남아 있어 마치 맥주 박물관에 온 듯한 기분이 든다. 넓은 공간만큼 맥주의 종류도 다양하다. 서른 개가 넘는 탭을 자랑하는 Peiping Machine은 북경에서 가장 많은 종류의 크래프트 맥주를 제공하는 곳 중 하나다. 외국에서 들여온 맥주와 북경의 로컬 브루어리에서 온 맥주와 함께 칭다오(青岛), 난징(南京), 우한(武汉) 등 중국 여러 도시의 크래프트 맥주도 맛볼 수 있는 점이 굉장히 좋다. 거대한 중국의 다양한 도시에서 온 맥주의 개성에 빠져 하나둘 맛보다 보면 어느새 밤은 깊어 가고 몸은 휘청인다.

중국은 땅이 넓은 만큼 도시들의 개성과 사람들의 성격도 각양각색이다. 북경에 살러 와서 가장 먼저 느낀 것 중 하나가 바로 그것이었다. 기차로 30분이면 가는 텐진(天津)만 해도 세련된 신도시의 느낌이 강하고, 언제나 급해 보이는 북경 사람들과 달리 시안(西安) 사람들은 거리에서 경적을 울리는 법이 없을 정도로 느긋해서 놀라웠다. 지난(济南) 사람들은 다른 사람들에게 관심도 많아 여행자인 나에게 말도 많이 걸어왔다. 시닝(西宁)은 이슬람을 믿는 민족이 많아서 옷차림부터 달랐다. 상해와 북경 사람들이 서로를 너무너무 싫어

하는 것도 굉장히 재미있었다. 그래서 '중국'에 대해 아는 듯 말하는 것을 피하게 된다. 내가 접한 것은 북경이지, 중국이 아니니까. 서울 사람인 내가 북경 사람들과 다른 것만큼, 중국 안에서의 사람들도 정말 달랐다. Peiping Machine의 줄지은 탭에서 나오는 맥주의 맛이 제각각인 것만큼.

Peiping Machine의 또 다른 굉장한 장점이라면 내부의 깨끗한 현대식 화장실이다. 후통을 여행해본 사람이라면 이게 얼마나 중요한지, 공감하며 고개를 끄덕일 거다.

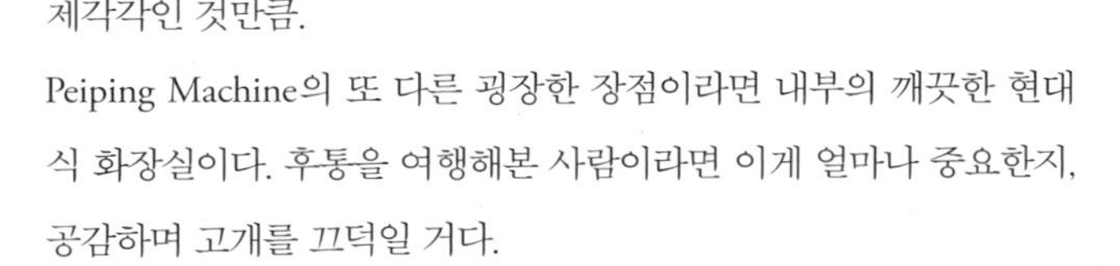

즐길 거리가 가득한
취향 저격 칵테일 바

Info

- 차오양취 싼리툰 남쪽 39호 1층 8호
  朝阳区北三里屯南39号楼一层八号
  chaoyangqu sanlitunnan sanshijiuhaolou yiceng bahao
- (+86) 10–8418–5718
- 19:00–26:00 (화–토), 19:00–25:00 (월, 일)
- Hidden House
  http://www.dianping.com/shop/38320069
- Irish Mule, How Can You

/

Hidden House

비밀스러운 숨은 공간을 찾아가는 재미, 싼리툰 대표 스피크이지 바

1920년대 스피크이지 콘셉트의 Hidden House는 숨겨진 집이라는 뜻이다. 이름에 걸맞게 주거단지에 잘 숨어 있어 찾아가는 즐거움을 더한다. 밖에서는 절대 술집이라고 알아보기 힘든 모습에 처음 발걸음을 하면 GPS를 켜고 맞게 찾아왔는지 바로 앞에서 몇 번이나 확인하게 될지도 모른다. 빈 소품 가게를 거쳐 들어가면 셜록 홈스가 파이프를 물고 생각에 잠겨 앉아 있을 것만 같은 어둠침침한 작은 서재가 나온다. 벽 스위치를 누르면 책장이 미끄러지며 숨어 있던 칵테일 바가 반겨준다. 미션을 수행하는 것 같기도 하고, 비밀 모임에 초대된 것처럼 두근거리는 기분을 안고 칵테일 바에 들어가는 길을 특별한 경험으로 만들어준다.

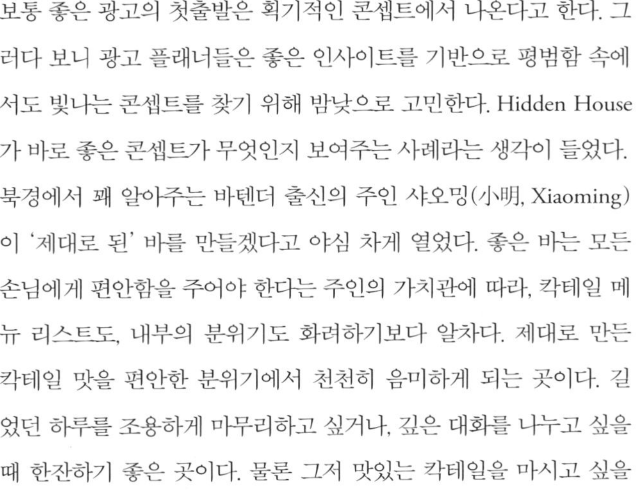

보통 좋은 광고의 첫출발은 획기적인 콘셉트에서 나온다고 한다. 그러다 보니 광고 플래너들은 좋은 인사이트를 기반으로 평범함 속에서도 빛나는 콘셉트를 찾기 위해 밤낮으로 고민한다. Hidden House가 바로 좋은 콘셉트가 무엇인지 보여주는 사례라는 생각이 들었다. 북경에서 꽤 알아주는 바텐더 출신의 주인 샤오밍(小明, Xiaoming)이 '제대로 된' 바를 만들겠다고 야심 차게 열었다. 좋은 바는 모든 손님에게 편안함을 주어야 한다는 주인의 가치관에 따라, 칵테일 메뉴 리스트도, 내부의 분위기도 화려하기보다 알차다. 제대로 만든 칵테일 맛을 편안한 분위기에서 천천히 음미하게 되는 곳이다. 길었던 하루를 조용하게 마무리하고 싶거나, 깊은 대화를 나누고 싶을 때 한잔하기 좋은 곳이다. 물론 그저 맛있는 칵테일을 마시고 싶을 때 가도 좋다.

바(Bar)로 모인 주상복합단지

이 근처에는 오피스텔을 꾸며 문을 연 바들이 가득한 주상복합단지가 있다. 단골들이 즐겨 찾고, 눈에 바로 띄지는 않지만 알음알음 입소문을 타면서 젊은 사람들 사이에서 인기가 많다. 그야말로 주거단지인 오피스텔 내부를 '바'로 탈바꿈한 것이다. 대체로 어둑한 조명에 체리 색 목재와 벨벳 인테리어가 사뭇 촌스러운 그 공간이 인기가 많은 이유를 잘 알 수는 없지만, 다른 곳에서는 쉽게 볼 수 없는 광경임은 확실하다. 시끄러운 편은 아니지만, 새벽 늦게까지 문을 열어두고 영업하는 바들이 즐비한 건물에서 사는 이웃들은 꿈속에서 한참 술독을 헤매고 있지 않을까 하는 오지랖 곁든 걱정도 든다. 번화가에 있으니 잠깐 들러보면 색다른 구경을 하게 될 것이다. 궁금해서 발걸음을 했던 늦은 금요일 밤, 회사의 복도에서만 오가며 보던 사람들을 우연히 마주쳐 서로 놀란 적이 있다. 평소에는 고개를 끄덕이며 지나가던 사이가 밖에서 만나니 발랄한 '하이!'가 되어 웃음이 나왔다.

오피스텔

차오양취 공인체육관북로 21호 용리국제 1단원
朝阳区工人体育场北路21号永利国际1单元
chaoyangqu gongrentiyuchangbeilu ershiyihao yongliguoji yidanyuan

단지 내 인기 오피스텔 바

Knight(魔术酒吧)

- 621호
- (+86) 189-1133-8621
- 19:00-26:00 (월-일)
- knight
  http://www.dianping.com/shop/69037179

Wemore(未末酒吧)

- 1126호
- (+86) 186-1029-5190
- 18:30-26:00 (월-일)
- wemore
  http://www.dianping.com/shop/121537677

Info

차오양취 신동루 12호
朝阳区新东路12号院
chaoyangqu xindonglu shier haoyuan

(+86) 10–6415–9954

18:00–26:00 (월–일)

Herbal
http://www.dianping.com/shop/102147443

Healing Tonic, Under Pressure Vodka

Herbal

중국 전통 허브와 칵테일의 만남이 신비로운 바

민트, 로즈메리, 바질 등 다양한 허브로 칵테일에 향과 맛을 더하면서 왜 동양의 허브를 넣을 생각은 못 했을까? 우리에게 한약재, 혹은 중국에서는 중약의 약재로 쓰이는 많은 약초는 허브류에 분류된다. 그러니 중약의 원리에 따라 약초를 넣어 만든 칵테일 레시피로 테마를 잡은 Herbal의 콘셉트는 어떻게 보면 논리적으로 당연하다.
이렇게 떠오른 하나의 생각에서 현실로 실현해내기까지 많은 아이디어 회의와 토론, 실험을 오가며 무려 4년여의 시간이 걸렸다고 한다. 실제로 중의학을 전공한 의사가 메뉴 개발에 함께하고, 종종 바에 와서 사람에 따라 '필요한' 칵테일을 진단해준다고 하니, 중의학 칵테일이라는 콘셉트는 그저 관심을 끌기 위한 홍보 수단이 아니다. 과연 얼마나 건강에 좋은지는 모르겠지만 이곳만의 특별한 음료들

은 다른 곳에서 맛보는 칵테일과는 확연하게 다르다. 비단 나무 꽃, 철피 석곡, 꿀 화분 등 생소한 재료를 넣어 만든 음료들은 Herbal만의 개성을 자랑한다.

중의학과 주류가 만나는 특색 있는 콘셉트와 같이 내부의 인테리어도 굉장히 독특하다. 중의학 약방 콘셉트라는 오리엔탈리즘적인 클리셰를 따르지 않아서 좋다. 오히려 가게는 1800년대 빅토리안 시대 유럽의 전통 약재상으로 갔다. 원래 북경에서 다양한 행사를 여는 문화 공간이던 앤티크 가게의 주인 글렌 슈이트만(Glenn Shuitman)의 센스다(앤티크 가게는 현재 문을 닫았다). 19세기 사람들이 알 수 없는 마법의 약재를 끓이고 있을 것 같은 어둑한 공간에 익숙해지면, 원목 패널과 오리지널 빈티지 의자, 180년이 넘었다는 돌상 등 상당히 신경 써서 만들어낸 고급스러움이 눈에 들어온다. 물론 약재를 쓴 술이라고 취하지 않는다는 보장은 없다. 독특한 맛에 홀짝이다 보면 곧 다시 모든 게 흐릿해지고 만다.

북경의 밤에 취하다

중의학/안마

북경살이를 오래 한 선배들에게 중의학 안마과 예찬을 듣고 또 들었다. 허리, 목, 골반이 안 좋았던 사람들이 다이푸(大夫, dàifu, 의사를 부르는 말)를 만나 싹 나았다는 것이다. 중국의 의대에는 양의학과 중의학이 합쳐진 형태의 안마과가 있어서 진료를 받으러 가면 도수치료와 비슷한 치료를 의사가 직접 해준다. 오랫동안 앓고 있던 목디스크가 다시 조금 심해져서 반신반의하는 마음으로 찾아갔다. 중국에서 가장 잘한 일 중 하나다. 치료받는 과정은 고통스러워서 부끄러운 비명을 지르기도 했지만, 엑스레이를 찍고 정확히 목의 어느 부위에 문제가 있는지 짚어주며 꼼꼼하게 몸을 봐주는 것이 굉장히 좋은 경험이었다. 중의학에 뿌리를 둔 중국의 안마도 유명해서, 여행 중이라면 한 번쯤 들러 볼 만하다. 가격도 훨씬 저렴하다. 한국과 다른 점은, 중국에서는 음양의 조화를 중요시해서 여자는 남자가, 남자는 여자가 담당한다. 옷을 입고 받으니 부담스럽지도 않고 금세 익숙해진다.

Info

동청취 신시 후통 16호
东城区辛寺胡同16号
dongchengqu xinsihutong shiliu hao
(가게가 자주 위치를 옮기므로 방문 전에 인터넷으로 확인하는 것이 좋다. 2019년 여름에도 이전 계획이 있다고 한다)

(+86) 10-6409-3319

20:00-24:00 (화-목, 일), 20:00-26:00 (금, 토), 월요일 휴무

Capital Spirits
http://www.dianping.com/shop/24313054
http://www.capitalspiritsbj.com

Baijiu Sour, Pineapple Express

Capital Spirits

首都酒坊

Shǒudūjiǔfāng

맛과 창의력을 겸비한 세계 최초 바이주 칵테일 바

외국에서 살면 외로움을 더 많이 타기도 하고, 확실히 한국에서보다 쉽게 마음이 열리기도 해 다양한 사람들과 데이트를 하게 된다. 우연히 알게 된 한 친구는 ABC(American Born Chinese, 중국계 미국인이나 미국에 유학을 간 중국인들을 일컫는다)로 말이 통하고, 인생에 우여곡절이 많아 공감대가 잘 맞았다. 무엇보다 술을 좋아해서 즐겁게 만나기 좋았다. 영화관에서 시작 로고가 뜨면 주머니에서 1인용 작은 와인을 두 병 꺼내 건네는 재미있는 친구였다. 화이트 한 병, 레드 한 병을 준비할 줄 아는 센스도 있었다. 워낙 칵테일을 좋아하기도 하고, 예전에 직접 바를 운영했던 경험이 있어서 이 친구가 데려가는 술집은 믿고 가게 되었다. 그 친구가 북경에서 가장 좋아하고 추천하는 술집이 바로 중국의 바이주로 칵테일을 만드는 Capital Spirits다.

세계 최초의 바이주 칵테일 바가 후통의 상업가도 아닌 조용한 주택가에 자리 잡은 건 조금 이상하면서도 동시에 적합하다는 생각이 든다. 가게를 확장하며 세 번을 옮겼지만 매번 눈에 잘 띄는 큰길가도, 후통의 핫한 카페거리도 아닌 깊숙한 골목에 자리 잡았다. 이번에도 옆에 호스텔 하나를 제외하면 가게도, 가로등도 없는 거리다. 휴대폰 불을 켜고 찬찬히 살피지 않으면 지나쳐버릴 모습으로 간판도 없이 대문에 붙은 안내 종이 한 장이 전부다. 영업을 하긴 하는 건지 의심스러워하며 초인종을 누르면 답변도 없이 잠겨있던 문이 철컥 열린다. 그 안쪽으로는 넉넉한 공간과 놀랍게도 어떻게 찾아왔는지 모를 사람들의 북적임으로 활기가 가득한 곳이 나타난다.

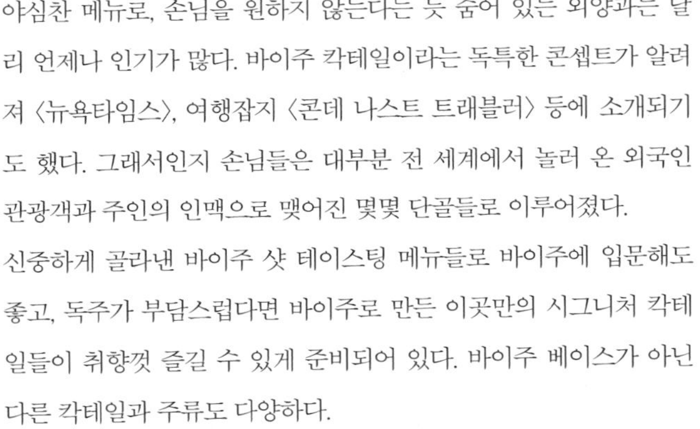

바이주(白酒, báijiǔ)로 만든 칵테일이라는 특색과 오랜 시간 바텐더로 일하며 직접 술을 제조해온 주인의 경험으로 공들여 만들어낸 야심찬 메뉴로, 손님을 원하지 않는다는 듯 숨어 있는 외양과는 달리 언제나 인기가 많다. 바이주 칵테일이라는 독특한 콘셉트가 알려져 〈뉴욕타임스〉, 여행잡지 〈콘데 나스트 트래블러〉 등에 소개되기도 했다. 그래서인지 손님들은 대부분 전 세계에서 놀러 온 외국인 관광객과 주인의 인맥으로 맺어진 몇몇 단골들로 이루어졌다.

신중하게 골라낸 바이주 샷 테이스팅 메뉴들로 바이주에 입문해도 좋고, 독주가 부담스럽다면 바이주로 만든 이곳만의 시그니처 칵테일들이 취향껏 즐길 수 있게 준비되어 있다. 바이주 베이스가 아닌 다른 칵테일과 주류도 다양하다.

中國
750克
红葡萄酒

주말은 새벽 두 시까지 영업하는데, 끝물이 되면 남아 있던 손님들과 바텐더들이 섞여 함께 즐기는 분위기가 된다. 운이 좋으면 메뉴에는 없는 술을 주인장이 한 잔씩 내주기도 한다. 유난히 흥이 오르던 어느 날, 밤이 늦어지자 각자 술을 마시던 그룹들이 모여 큰 하나의 술자리가 되었다. 다양한 국적과 배경의 사람들이 늦은 밤 같은 공간에 있던 것만으로 (그리고 충분히 취기가 올라서) 금세 친밀한 분위기가 형성된 것이다. 그때 북경을 무대로 활동 중인 영국인 밴드도 만났는데, 한국인이라고 하자 굉장히 반가워했다. 한동안 서울에서 살며 이태원의 JJ 전속 밴드로 공연을 했다는 것이다. 북경에서 JJ에 대해 듣게 될 줄은 상상도 못해서, 너무 놀라 웃음을 터뜨렸던 기억이 난다.

Info

동청취 반창 후통 12호
东城区板厂胡同12号
dongchengqu banchanghutong shierhao

(+86) 10–6405–5718

17:30–26:00 (월–일)

毛毛虫酒吧与比萨 (pinyin으로 maomaochongjiuba를 쓰면 자동으로 바뀌는 한자를 클릭하면 된다)
http://www.dianping.com/shop/2920270

Mala Mule, Sichuan Highway

MMC

毛毛虫

Máomaochóng

마라(麻辣) 마니아라면 한 번쯤은 꼭 가봐야 할 칵테일 바

이상하게 안 풀리는 날이 있다. 배차 간격이 긴 버스를 눈앞에서 놓친다든지, 흰옷에 음료수를 쏟는다든지, 제일 친한 직장 동료와 사소한 일로 날을 세운다든지, 별거 아닌 일들이 쌓여서 사람 맥을 빼놓는다. 긴 일주일 끝에 그저 분위기 좋은 데 가서 맛있는 술 한잔으로 피로를 풀고 싶었는데, 이상하게 가는 곳마다 문을 닫았다. 내부 공사 중이거나, 잠시 휴가를 갔거나. 좁은 골목을 돌고 돌아 몇 번이나 실패하자 금요일 밤이라 부풀었던 마음이 오래된 풍선처럼 픽, 쪼그라들었다. 세 번째로 시도한 곳 역시 실패하고 근처에 아무 데나 검색해보았다. 여기까지 안되면 그냥 집에 가겠다고 반쯤 자포자기한 채 기분 낸다고 신은 힐을 원망하며 터덜터덜 걸어 MMC에 도착했다.

별다른 기대 없이 들어선 공간에서 몸과 마음이 노곤하게 녹아내렸다. 평범할 뻔한 공간의 한쪽 벽을 차지한 벽화가 개성을 더했다. 커다란 벽화를 자세히 들여다보니 아마도 가게의 옛날 모습인 듯했다. 지금은 보이지 않는 큰 창이 있어 예전의 모습이 더욱 궁금해진다. 창가에서 즐겁게 술을 마시는 사람들이 그려진 그림 아래, 역시 즐겁게 술을 마시는 사람들. 후통이 재개발되면서 가게는 예전보다 작아졌지만 활기는 여전하다. 소박한 겉모습과 저렴한 가격의 술과는 달리 개성 있는 칵테일과 맛있는 피자로 알 사람은 다들 아는, 꽤 이름난 곳이다. 북경의 베스트 칵테일과 베스트 피자 상을 받은 곳이지만 과시하는 분위기 없이 편안하다. 그래서 다들 늦은 시간까지 천천히 앉아 술을 몇 잔이고 마시다 가나 보다.

클래식으로 승부하는 칵테일 바가 있다면 이곳은 창의력으로 승부한다. 사천의 매운 고추를 써 톡 쏘는 '마라 뮬(Mala Mule)'이나 '쓰촨 하이웨이(Sichuan Highway)' 같은 시그니처 칵테일과, 추운 날에 몸을 녹이는 따뜻한 칵테일류가 재미있다. 북경에서 가장 저렴한 편인 술의 가격도 큰 매력 중 하나다.

MMC는 시끄럽고 한껏 업된 금요일 밤을 보낸 뒤 사람들이 하나둘 흩어지고 마지막에 남은 소규모 인원이 아쉬운 밤을 마무리하기 전 마지막 차를 하러 오는, 노곤하고 따뜻한 향기가 나는 곳이다. 그만큼 늦은 시간까지 문을 여는 가게도 그런 분위기에 한몫한다.

예술 감각이 돋보이는 공간

Info

차오양취 싼리툰 타이쿠리베이취 N4–40B
朝阳区三里屯太古里北区N4–40B
chaoyangqu sanlitun taiguli beiqu N si dao sishi B

(+86) 10–6409–4577

11:30–22:00 (월–일)

Cinker Pictures
http://www.dianping.com/shop/75352152

White Russian, The French

Cinker Pictures

三克映画

Sān kè yìnghuà

시네필이라면, 영화를 안주 삼아 마시는 한 잔

인구 이천만이 넘는 도시 북경에 아트 시네마가 하나도 없다는 것은 조금 슬픈 일이다. 중국에는 영화에 등급제가 없어서 폭력적이거나 성적인 장면이 나오면 편집된 채 개봉하는 일이 다반사고, 퀴어 영화는 개봉조차 하지 못한다. 관객들이 스펙터클과 블록버스터를 선호하는 편이라 다양한 영화를 큰 스크린으로 만나기 어려운 점이 북경살이의 아쉬움이다. 이런 상황에서 Cinker Pictures는 아트 시네마의 꽤 괜찮은 대안이다. 두세 관 정도의 적은 관을 가졌지만, 동시 개봉작이나 블록버스터가 아닌 영화를 다양한 테마로 프로그래밍해 상영하고, 영국의 내셔널 시어터 라이브를 상영하는 유일한 곳이기도 하다. 부티크 영화관을 지향하는 Cinker Pictures는 영화관, 바, 그리고 레스토랑이 합쳐진 형태로 운영한다. 푯값이 100-150위안(한화 약 16,000-20,000원) 정도로 비싸지만, 커피나 차, 혹은 맥주, 와인, 칵

테일의 주류 중 선택하는 음료 한 잔이 포함된 가격이다. 음식이 맛있어서 식사만 하러 가는 사람들도 있고, 루프탑에서는 야외 상영과 함께 다양한 파티를 열기도 한다. 유럽과 미국의 도시에서나 접하던 이러한 상영관을 북경에서도 만날 수 있다는 건 큰 기쁨이다.

홍콩 영화 한 장면을 모던하게 해석한 듯한 노란 조명이 매력적인 공간에 요즘에는 보기 힘든 티켓 오피스와 상영작 레터링이 반갑다. 〈샤이닝〉(1980)을 연상케 하는 좁고 긴 타일 복도는 영화를 사랑하는 사람들의 마음을 사로잡는다. 상영관 한편, 뉴욕의 레트로 글램을 콘셉트로 한 라운지에서는 명화 속 음료를 모티브로 한 칵테일을 제조해 준다. 〈위대한 레보스키〉(1998)에서 레보스키가 즐겨 마시

던 White Russian, 〈카사블랑카〉(1942)에서 험프리 보가트가 마신 칵테일에서 영감을 받아 만든 The French 등 영화 속 술을 재현해 즐거움을 준다.

상영관은 좌석이 스무 개 남짓으로 크지 않지만 모든 좌석이 1인 소파로 넓은 쿠션과 발 받침대가 있고, 에어컨의 바람에 대비해 두툼한 담요를 준비해놓는 섬세함까지 영화를 즐기기 위한 공간으로 완벽했다. 상영 시간 내내 홀짝일 만큼 넉넉한 칵테일을 앞에 두고 편안하게 자리를 잡아 스크린 속으로 빠져들어본다.

다만 Cinker Pictures도 중국 정부의 영화 규제에서 자유롭지는 못하기에, 잘못하면 '문제 되는' 장면이 모두 잘려나간 불완전한 영화를 보게 된다는 점은 피할 수 없어서 아쉽다.

Info

동청취 베에신치아오 반치아오난시앙 7호
东城区北新桥板桥南巷7号
dongchengqu beixinqiao banqiaonanxiang qihao

(+86) 156–5251–1819

17:00–24:30 (월–목), 17:00–25:30 (금), 12:00–25:30 (토), 12:00–24:30 (일)

糯言酒馆 · 米酒体验馆 (pinyin으로 Nuoyanjiuguan를 쓰면 자동으로 바뀌는 한자를 클릭하면 된다)
http://www.dianping.com/shop/5282140
http://www.nuoyanricewine.cn

누오옌 스파클링 미주(糯言气泡米酒), 계화 미주(桂花米酒)

Nuoyan Rice Wine

糯言酒馆

Nuòyánjiǔguǎn

멋에 취하고 향에 취하는 세련된 쌀 발효주(米酒) 전문점

중국식 쌀 발효주인 미주(米酒, mǐjiǔ)는 한국의 것과 비슷한 듯 다르다. 막걸리보다는 맑고 백주보다는 탁한 그사이 정도의 농도로, 도수는 5-6도 정도로 낮고 향을 가미해 달짝하다. 기본으로 즐기거나 주로 계화꽃, 장미, 재스민 등 꽃이나 망고, 베리류 등의 과일 향을 더하는데, 끝에 쌀로 만든 술 특유의 깊이가 있어서 달지만 물리지 않아 식사에 곁들여 홀짝이기 좋은 술이다.
북경 출신의 그래픽 디자이너 황유(Huang Yu)가 몇 년간 미주를 연구한 끝에 가게를 열었다. 원래 프린팅 공장이 있던 공간이 디자이너의 손을 거쳐 고급스럽고 세련되게 재탄생했다. 전통적인 느낌을 잃지 않으면서도 따뜻하고 모던한 느낌이 좋아서 코끝이 살짝 시린 날이면 달짝한 술로 몸을 녹이고 싶어진다. 들어가서 자리를 잡으면

미주에 대해 잘 모르거나, 혹은 알더라도 Nuoyan Rice Wine만의 특별한 미주 맛을 소개하는 일곱 잔의 테이스팅 메뉴가 먼저 나온다. 친절한 직원에게 각 술에 대한 설명을 듣고 맛을 본 뒤 어떤 술을 주문할지 결정할 수 있다. 달달한 술이 입맛에 맞지 않거나 많이 마시기에는 부담스럽다면 스파클링이 좋다. 가벼운 샴페인 같은 청량감이 있고, 입에 감도는 사과 향이 산뜻해서 마지막 한 방울까지 감탄하며 마시게 된다.

'술은 하루를 마무리하는 가장 좋은 방법(酒是结束一天的最好方式)' 이라고 벽에 적힌 문구에 알맞게, 은은하게 입을 감돌며 기분 좋게 취기가 오르는 술과 분위기를 갖추었다. 독한 술이 아니어서 주로 식사를 함께하러 오는 손님이 많다. 식사류와 안주류로 메뉴가 다양하고, 계절에 따른 제철 채소 요리가 별미다. 전통 중국식과 퓨전 중국식으로 이루어진 메뉴는 무겁지 않고 맛있어 술과 잘 어울린다. 가게에서 술을 병으로 살 수 있어 선물용으로도 좋다.

북경의 밤에 취하다

夏

Info

	더셩먼점	구러우점
주소	시청취 더셩먼 네이다지에 44호 西城区德胜门内大街44号 xichengqu deshengmen neidajie sishish hao	시청취 구러우 시다지에 180호 西城区鼓楼西大街180号 xichengqu gulou xidajie yibaibashi hao
전화	(+86) 166-0110-1694	(+86) 176-0073-6694
시간	11:00–24:30 (월–목), 11:00–25:30 (금–일)	17:00–24:30 (월–목), 15:30–25:30 (금–일)

长停酒肆
(pinyin으로 Changtingjiusi 검색 시 나오는 4개 결과 중 더셩먼점은 德内大街店을, 구러우점은 鼓楼西大街店을 선택하면 된다)
http://www.dianping.com/shop/93414687 (더셩먼점)
http://www.dianping.com/shop/90940630 (구러우점)

계화백곡주(桂花白曲酒), 낙신홍곡주(洛神红曲酒)

长停酒肆

chángtíngjiǔsì

낭만적인 홍등으로 영화 속 분위기를 연출한 중국식 주점

작은 도자기 병에 직접 담은 중국식 미주(米酒)를 내놓는 창팅지우쓰(长停酒肆)는 중국의 낭만과 여유가 술잔에 비친 달빛만큼 찰랑이는 곳이다. 가까운 곳에 두 개의 지점이 있다. 한 곳은 테이블 세 개의 손바닥만한 작은 가게로 간단한 마른안주 정도가 있고, 약 150미터를 걸으면 다양한 요리도 함께 즐길 수 있는 3층 규모의 큰 가게가 나온다. 두 곳 다 편안하게 앉아 달콤한 술에 취해갈 법한 소박한 분위기다.

나무 족자에 정성껏 새겨 넣은 메뉴에는 크게 백색 주와 홍색 주로 나뉘는, 다양한 종류의 술이 빼곡하다. 술은 생화와 생과일을 우려서 만든 향을 가미해 향긋하고 달달하다. 백색 주가 도수가 약간 더 높고 홍색 주는 단맛이 더 강하다. 하지만 대부분이 5~6도 정도의 저도수라 각자 원하는 향을 골라 한 병씩 시켜 취향껏 따라 마시면 된다.

옥상에는 붉은 홍등으로 밝힌 테라스가 있어 괜히 축제 분위기가 난다. 바깥을 내다보면 어둡게 내려앉은 거리에 밝혀진 더셩먼(德胜门, déshèngmén)이 보여 운치는 배가 된다. 따뜻한 가게 내부는 꾸민 듯 아닌 듯 자연스러운 멋이 난다. 한없이 앉아서 한 잔 두 잔, 잔을 기울여 술을 마시다가 각자 생각에 잠긴 사이 내려앉는 침묵은 잘 고른 음악이 채운다. 낯선 중국의 대중가요가 이렇게 귀에 꽂히는 가게는 처음이다. 가게의 분위기와 술맛이 너무나도 잘 어울려 고심해서 고른 플레이리스트임을 확신하게 된다. 음악 검색 앱을 켜서 알아낸 아티스트의 이름은 천둥이라는 뜻의 자오레이(赵雷, Zhaolei)였다. 사천 음식을 파는 주점답게 사천 출신인 유명 가수 자오레이 노래 선곡이 돋보인다. 걸걸한 목소리로 부르는 포크 음악

을 듣고 있으면 붉은 불 아래 따라 마시는 술맛이 더욱더 깊어진다. 고향을 떠나 성공을 꿈꾸며 북경에 이주한 후, 처음 느낀 도시 사람들의 차가움에 힘들어했다던 자오레이는 자주 고향에 대한 그리움을 노래했다. 매장에서 흘러나왔던 그의 대표작 南方姑娘(nánfāng gūniang, 남방의 아가씨)도 그런 마음이 담긴 노래다.

"남방에서 온 아가씨, 북방의 겨울이 춥진 않던가요? 남방에서 온 아가씨, 북방 사람들의 솔직한 성격이 마음에 들지 않던가요? … 그리움에 지쳐 눈물만 흐른다고요."

고백하듯 노래하는 그의 걸걸한 목소리에 얼큰하게 술기운이 오른다. 가사는 바로 이해하지 못했지만 타지인의 쓸쓸함은 바로 전해져 왔다.

북경에는 자오레이처럼 성공을 꿈꾸며 지방에서 이주한 외지 사람이 많다. 정부 차원에서는 극심한 도시화를 막기 위해 북경인과 외지인을 철저하게 구분하여 호적을 제공하고 집을 사거나 차를 살 때, 심지어 아이들 교육에 있어서도 북경 사람들에게 우선권을 제공한다. 그러다 보니, 외지인들이 느끼는 상대적 박탈감이나 외로움이 더욱 크다. 어쩐지 금방 취하는 기분이다.

*사진은 더셩먼점

Info

시청취 치엔먼 양메이쥐시에지에 99호
西城区前门杨梅竹斜街99号
xichengqu qianmen yangmeizhu xiejie jiushijiu hao

(+86) 150-0101-8518

11:00–22:00 (월–일)

Meetingsomeone(띄어쓰기 없이 붙여서 검색하면 된다. 책에서 소개한 곳은 前门店이다)
http://www.dianping.com/shop/69574974

Meeting Someone 특제 칵테일(鸡尾酒), 엘리자베스(伊丽莎白)

Meeting Someone

북경 대표 인스타 감성 스폿. 로맨틱한 무드가 가득한 칵테일 바

“이름이 정말 낭만적이지 않아요? Meeting Someone이라니.”
감탄하는 말을 듣고 들어가니 그럴만하다. 누군가를 만나러 오거나, 와서 누군가를 만나거나. 이렇게 작은 것에 감탄할 줄 아는 사람과 함께라면 이곳에서 보내는 시간은 분명히 낭만적일 것이다.
현관에서 잠시 대기 후 내부에 준비된 자리로 들어가면 술집에서 본 것 중 가장 낭만적인 복도를 지나게 된다. 깜깜한 검은색의 좁은 복도는 천장에 가득한 광섬유 조명으로 밝혀져 쿠사마 야요이 작가의 무한 거울의 방이 연상되는 환상적인 길이다. 지나가면서 고개를 들고 저절로 카메라를 꺼내 들게끔 한다. 가게에 들어서기 전 이미 한껏 미소를 짓고 자리에 앉게 하는, 센스가 느껴진다.

중국에서 예쁘고 분위기 좋은 장소를 가리키는 말로 'Ins风'이 인터넷에서 유행이다. 인스타그램의 ins와 분위기를 나타내는 뜻의 风(fēng, ~풍)이 합쳐진 말은 instagrammable의 중국말과 같다. Meeting Someone의 복도가 바로 대표적인 Ins风한 공간이다. 한국도 그렇지만 북경의 젊은 사람들도 예쁜 장소와 음식 사진을 찍기 정말 좋아한다. 특히 셀카나 친구에게 부탁해서 사진을 찍는 모습도 굉장히 과감하다. 예뻐 보이는 각도와 자연스러운 미소는 기본이고, 모델처럼 과감한 동작을 취하는 모습을 보면 감탄이 나온다. 언제나 카메라 앞에서 작아지는 사람은 그런 당당함이 부러울 따름이다.

사합원을 리노베이션한 내부를 용도에 맞춰 다섯 개 구역으로 나누었다. 낮에는 차실과 정원, 루프탑을 활용하고 밤에는 칵테일 바와 레스토랑이 열린다. 단독 건물에 위치한 주방은 통유리로 되어 있어 바쁘게 돌아가는 내부를 구경할 수 있다. 1층은 채광이 좋지 않아 고민하던 디자이너가 오히려 어둠이 잘 어울리는 칵테일 바로 활용하고, 채광이 좋은 2층은 레스토랑을 오픈하여 구역별로 장점을 살려냈다. 1층의 바에 앉으면 창 밖으로 잘 가꿔진 건너편의 정원이 보여 은은한 분위기에 이름처럼 로맨틱한 밤을 즐길 수 있다.

외국에서 오래 생활하다 북경으로 이주해온 상해 사람이 주인이라 그런지 이곳 전체가 동 · 서양, 중국의 남방 · 북방의 만남 같다. 레스토랑의 음식은 스페인풍의 서양식으로, 맛이 있어 분위기로만 승부하는 곳이 아니라는 걸 확인할 수 있다. 분명히 배가 고프지 않아 애피타이저만 한두 개 시켰다가 너무 맛있어서 바로 손을 들고 "服务员(fúwùyuán, 점원을 부르는 말)!"을 우렁차게 외치고는 요리를 잔뜩 시키고 말았다.

공간 이곳저곳을 장식한 것은 왕가위 감독 영화 〈마이 블루베리 나이츠〉의 대사다. "역시 낭만을 아는 주인답다" 하는 생각에 미소 짓게 된다.

Info

차오양취 지우샨치아오 4호 798이쉬취 치싱중지에
朝阳区酒仙桥4号798艺术区七星东街
chaoyangqu jiuxianqiao sihao qijiuba yishuqu qixingdongdajie

(+86) 10-5978-9942

11:00–23:00 (월–일)

At Cafe
http://www.dianping.com/shop/507574

마르게리타 피자(玛格丽特披萨), 해산물 파에야(西班牙海鲜饭)

At Cafe

爱特咖啡

Ài tè kāfēi

중국 현대 미술의 대가 황루이(黄锐)가 오픈한 798의 터줏대감

매일같이 하나의 장소가 사라지고 새로운 가게가 열리는 곳에서 오래도록 터를 잡고 버티는 곳은 흔치 않기에 더욱 반갑다. At Cafe는 798이 미술 지구로 개발되던 처음부터 죽 자리를 지켜온 이곳의 터줏대감이자 상징과 같은 곳이다. 2002년에 798 미술 지구를 만드는 데 일조하고, 몇 년 후 정부에서 재개발 계획을 내세울 때 목소리를 내 지켜낸 798의 영혼과도 같은 예술가 황루이(黄锐, Huang Rui)가 연 카페이니 지금도 활발하게 자리를 지키고 있는 것이 당연한지도 모르겠다. 그래서 작가의 모임이나 바이어와의 만남이 이루어지는 교류의 장이기도 하다. 술잔을 채워주고 음식을 나눠주는 직원 중에 미래의 스타 작가가 있을지도 모른다는 상상을 해본다.

북경의 밤에 취하다

798의 중심축 역할을 하는 곳이라 가게 전면으로 넓게 펼쳐진 테라스를 빼곡히 채운 파라솔 아래에는 어떤 시간에 가도 한 잔을 즐기며 앉아 있는 사람들로 북적인다. 이태리식을 기본으로 한 음식, 에스프레소 베이스 커피, 맥주, 와인 등을 갖추었다. 로컬 브루어리에서 수급해온 크래프트 맥주 메뉴, 정통 화덕 피자와 잘 어울리는 이탈리아 와인 리스트도 준비되어 있다. 내부로 들어가면 바깥에서 보기보다 훨씬 넓은 공간이 나타난다. 1층은 거대한 화덕과 오픈 키친에서 피자 도우를 돌리는 셰프들을 중심으로 붉은 벽돌 인테리어가 보이고, 2층으로 올라가면 편안히 앉아 쉴 수 있는 라운지 겸 단체 모임을 위한 홀이 나온다.

공간 자체만으로도 매력적이지만, 중국 현대 미술의 중심에 서 있는 작가의 공간이라 아우라가 더해진다. 문화 혁명을 살아내고, 아이 웨이웨이(艾未未, Ai weiwei, 중국의 저명한 현대 미술작가이자 건축가) 등과 함께 중국 아방가르드 예술계를 이끈 황루이 작가에 대해 한 번 찾아보고 방문해도 좋다.

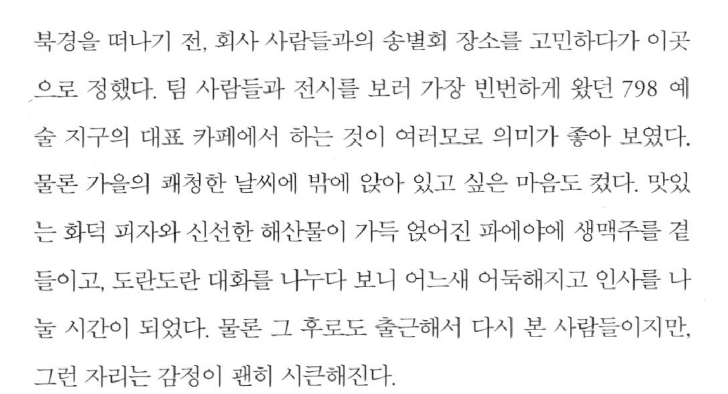

북경을 떠나기 전, 회사 사람들과의 송별회 장소를 고민하다가 이곳으로 정했다. 팀 사람들과 전시를 보러 가장 빈번하게 왔던 798 예술 지구의 대표 카페에서 하는 것이 여러모로 의미가 좋아 보였다. 물론 가을의 쾌청한 날씨에 밖에 앉아 있고 싶은 마음도 컸다. 맛있는 화덕 피자와 신선한 해산물이 가득 얹어진 파에야에 생맥주를 곁들이고, 도란도란 대화를 나누다 보니 어느새 어둑해지고 인사를 나눌 시간이 되었다. 물론 그 후로도 출근해서 다시 본 사람들이지만, 그런 자리는 감정이 괜히 시큰해진다.

조금은 특별한 밤을 보내고 싶다면

Info

차오양취 싼리툰지우바거리 81호 나리화위엔 3층 Mosto 레스토랑 뒤편
朝阳区三里屯酒吧街81号那里花园3楼
chaoyangqu sanlitun jiubajie bashiyihao nalihuayuan sanlou

(+86) 10-5208-6030

17:30–26:00 (화–목, 일), 17:30–27:00 (금, 토), 월요일 휴무

La Social
http://www.dianping.com/shop/67562817
인스타그램 @lasocial_china

Totuma Mojito, Baby Jesus Crush

La Social

정열적인 라틴음악과 과감한 인테리어가 돋보이는 이색 공간

술집으로 가득한 건물 안에서도 유난히 눈길을 끄는 곳이 있다. Nali Patio를 채운 가게들은 '서양식'이라고 뭉뚱그리기엔 미안하게도 다양한 국적의 음식과 분위기를 내고 있지만 그중에서도 개성 넘치는 매력으로 돋보이는 곳은 바로 남미에서 온 La Social이다. 건물의 3층 구석, 가게명을 적은 그라피티가 한쪽 벽을 메운 좁은 복도를 따라 걸어가면 어느새 흥겨운 라틴음악이 들려와 몸을 들썩이게 되는 곳이다.

크지 않은 가게에 들어서면 가득 찬 장신구들에 눈이 휘둥그레진다. 모던한 스피크이지 바가 대세를 이룬 북경에서 이곳은 무척 신선한 경험이 아닐 수 없다. 바 뒤편에 술병과 뒤섞인 마오쩌둥 포스터와 예수상의 기이한 조합, 벽은 물론이고 천장까지 넘보는 장식품(이라

고 쓰고 잡동사니라고 부른다), 계획 없이 군데군데 내키는 대로 놓은 듯한 붉은 조명과 양초는 미니멀한 인테리어의 위스키 바들과는 정말이지 극적으로 다르다.

La Social은 두 남성 주인이 남미 출신이라는 배경을 살려 베네수엘라의 전통 샌드위치 아레파(Arepa)와 모히토 등의 남미풍 칵테일을 판매한다. 아레파는 주문과 동시에 만들어진다. 생김새가 단순하고 투박해서 처음에는 간단해 보이는 샌드위치가 나오는데 뭐가 그렇게 오래 걸리는지, 의문을 가졌지만 한 입 베어 물자, 그 생각은 입 안에서 치즈와 함께 녹아내렸다. 신선한 아보카도와 치즈를 채운 옥수수빵의 독특한 질감이 정말 맛있었다.

요일별로 다양한 이벤트나 작은 파티도 종종 주최하는 La Social은 언제나 흥이 넘친다. 술을 마시다가 시끄럽게 깔깔 웃음보를 터뜨려도, 흘러나오는 음악에 자리에서 몸을 흔들어도 괜찮을 것 같은 분위기에 외투와 함께 몸을 감싸고 있던 긴장도 한 꺼풀 벗어 둔다. 매주 목요일에는 'The Closet'이라고 하여 LGBT커뮤니티를 위한 게이바로 변한다. 중국에서는 동성애가 법적으로 금지되어 있지만 LGBT 커뮤니티는 그에 굴하지 않고 활발하다. 그 외에도 크리스마스, 핼러윈, 세인트 패트릭스 데이 등 특별한 날마다 행사가 끊이지 않는 가장 뜨거운 곳이다.

ON THE AIR

Social
VIEJO
FASHION
LEMONADE
HOLY
PISCO SOUR
BABY JESUS
CRUSH
BLASPHEMY
TOTUMA
MOJITO
For the Naughty
给调皮鬼们
SATAN'S

북경의 밤에 취하다

Nali Patio

Nali Patio는 싼리툰 한복판에 자리 잡은 하얀색 스페인식 건물이다. 이름이 말해주듯 'ㅁ' 자 건물 가운데에 파티오가 있어 여름에는 낮이나 밤이나 사람들로 북적인다. 이곳에 오면 정말 유럽 남부에 온 기분이 들 정도로 5층 건물에 서양식 레스토랑과 바가 빼곡하다. 낮에는 브런치와 커피, 저녁에는 식사와 함께 가벼운 술 한잔을, 밤에는 테라스가 있는 바에서 조금 더 도수 높은 술과 약간의 가무까지 즐길 수 있는, 패키지 바캉스 같은 곳이다. 루프탑이 좋은 Fez, 팝아트 미술품을 다루는 Black Moth 등 다양한 콘셉트의 바들이 층층마다 즐비하니 바 호핑을 다녀도 좋다.

Info

차오양취 싱푸춘중루 55호
朝阳区幸福村中路55号
chaoyangqu xingfucunzhonglu wushiwuhao

(+86) 176-0232-3620

19:30–26:00 (월–일)

公路商店 (pinyin으로 Gonglushangdian을 쓰면 자동으로 바뀌는 한자를 클릭하면 된다)
http://www.dianping.com/shop/110773562

티아오동후 IPA(跳东湖 IPA)

Pinball Liquors

公路商店

Gōnglùshāngdiàn

중국의 IT 기술과 빈티지 핀볼 머신의 독특한 만남

Pinball Liquors에는 젊은 에너지가 넘쳐난다. 어둑한 거리에서 번쩍이는 거대한 네온사인, 그 앞에서 모여 떠드는 사람들에 이끌려 들어가 보면 병맥주가 가득 찬 작은 냉장고가 보인다. 카운터를 지키는 무심한 직원을 지나 왼쪽으로 꺾으면 크지 않은 방 안에서 오락기들이 형형색색으로 빛나며 단순한 미디 멜로디로 행인들을 유혹한다. 스트리트웨어 룩북에서 본 듯한 어둑하고 정신없는 분위기 속에 룩북 속 모델 같은 힙스터들이 삼삼오오 모여 오락기를 붙잡고 승부를 던지거나 병맥을 손에 들고 구경하며 즐기는 법석 통에 이미 맥주를 몇 병 마신 듯 정신이 혼미해진다. 실제로 이곳을 배경으로 화보 촬영을 하는 의류 브랜드도 종종 있다.

카운터에서 맥주를 사면 20위안당 게임을 할 수 있는 코인을 하나씩 준다. 술보다는 게임만 즐기러 왔다면 게임당 10위안이다. 클래식인 핀볼에서 스타워즈까지 고전적인 인기 오락기부터 워킹데드, 해리포터 등 비교적 신형 오락기까지 다양하게 갖추어 놓아 취향대로 즐길 수 있다.

신나게 게임을 몇 판 즐긴 후 쉬었다 가거나, 조금 더 강한 술이 마시고 싶다면 위층으로 가보자. 네온사인을 따라 좁은 계단을 올라가이 층에 다다르면 벽의 삼면을 두른 기계들에 깜짝 놀라게 된다. 빽빽하고 일정하게 나열된 기계들은 가게에서 직접 제작한 술 자판기다. 안에는 위스키, 진, 테킬라, 럼 등 다양한 종류의 하드 리큐어가

들어 있다. 원하는 종류를 선택하고 QR Code를 찍으면 병에서 술이 따라지고 컵에 담겨 나오는 장면을 보는 것이 또 하나의 재미다. 젊은 친구들이 재미난 아이디어로 창업한 술집답고, QR Code로 모든 것을 살 수 있는 북경답기도 하다. 위챗 페이가 안 되는 관광객들은 점원에게 주문을 부탁하면 된다. 직접 실행해보지는 못해도 투명한 자판기에서 술이 따라지는 광경을 보는 것만으로도 즐겁다. 오른편에는 생맥주를 시킬 수 있는 바와 바텐더도 있다. 레트로하면서도 미래적인 가게 전체의 분위기가 마치 영화 〈빽 투 더 퓨처〉에서 본 장면 같아서, 잠시 새로운 시대에 놀러 온 듯 흠뻑 빠져들게 한다.

19C
CAMPANARIO
LUCUMA
CAMPANARIO
COLA DE MONO
CAMPANARIO
SOUR.
公路商店

玩家
PLAYBOY
STAR WARS

Info

차오양취 동쯔먼 와이시에지에 신위엔리 1호
朝阳区东直门外斜街新源里一号
chaoyangqu dongzhimen waixiejie xinyuanli yihao

(+86) 10-8444-0271

20:00–26:00 (월–일)

Von Bar
http://www.dianping.com/shop/93167943

위스키 사케(威士忌水割), 하이볼

Von Bar

비밀번호가 있어야 들어갈 수 있는 조용한 스피크이지 바

잠시 만나던 친구와 량마챠오에서 저녁을 먹고 간단하게 한잔하고 싶어 따종디엔핑을 켰다. 주변의 바를 검색하다 높은 평점의 일본식 위스키 바가 눈에 띄어 무작정 발걸음을 옮겼다. 바이두 지도를 따라 한참을 걸어도 아파트 단지만 가득해서 의아해하던 중 간판도 없이 희미하게 불빛이 새어 나오는 커다란 나무문이 보였다. '설마 이곳인가?'라는 생각에 묵직한 나무문 앞에 서니 오른편 어둠 속에 숨어 있던 작은 화면이 켜졌다. 알 수 없는 상형문자로 쓰인 키패드에 당황하며 가게에 전화하니 비밀번호를 알려준다(0000, 零零零零). 그렇게 문이 열리고, 커다란 악마상이 지키고 있는 가게의 복도가 나왔다.

'비밀의 주점'이라는 닉네임에 비해 내부 공간은 다소 평범하다는 생각도 들지만, 주인장의 일본 위스키에 대한 애정이 엿보이는 곳이다. 도쿄에서 오랜 기간 생활하며 일본 위스키 맛에 매료된 주인장이 북경에 정통 일본식 위스키 바를 열었고, 부드러운 뒷맛의 일본식 위스키에 반한 사람들이 이곳의 단골이 되었다.

깔끔한 나무 인테리어와 은은한 조명 앞 가지런히 진열된 수많은 위스키병이 주는 차분함에 곳곳에 놓인 일본 예술품으로 가게의 성격을 드러냈다. 바에 앉아 잠시 짐을 내려놓고 옷가지를 정리하고 있으면 예쁜 중국식 찻잔에 따뜻한 물과 위스키에 잘 어울리는 마른 안주를 먼저 내어준다. 중국어로 된 메뉴판밖에 없어 외국인은 조금 어려움을 겪지만, 바텐더가 친절하게 취향을 묻고 위스키를 하나하나 소개해준다. 물론 테이스팅도 해볼 수 있다.

작은 공간이라 혼자 와서 술을 마시며 책을 보거나 간단한 업무를

보는 사람, 혹은 둘이서 데이트를 오는 손님이 대부분이다. 가끔 바텐더가 대화에 끼어들어 이런저런 이야기를 나누기도 하는데, 목소리가 올라가는 일이 거의 없다. 이곳만의 비밀스럽고 조용한 분위기가 좋아 다시 방문했을 때, 바텐더가 반갑게 맞이하며 그때 당시의 나를 기억해주었다. 심지어 모른 척해줬으면 한 그날의 동행인까지도. 아이러니하게도 첫날 마셨던 위스키의 종류는 기억하지 못했지만, 한 번의 방문으로도 단골이 된 듯한 반겨줌에 기분이 절로 좋아졌다.

Info

시청취 다잔란시지에 옌지아 후통 2호
西城区大栅栏西街燕家胡同2号
xichengqu dazhalanxijie yanjiahutong erhao

(+86) 185-1001-7091

19:00–26:00 (월–일)

燕家2号 (pinyin으로 yanjiaerhao를 쓰면 자동으로 바뀌는 한자를 클릭하면 된다)
http://www.dianping.com/shop/62275841

Dry Martini(马天尼干), 복숭아 칵테일(桃子鸡尾酒)

Yan Whiskey Bar

燕家2号

yànjiāèrhào

사합원의 매력을 한껏 살린 운치 있는 디자이너스 살롱

조용한 후통의 거리, 무거운 문을 밀고 들어서면 그 순간 감탄한다. 과장이 아니라, 이제껏 본 중 가장 아름다운 위스키 바다. 사합원을 개조한 가게는 많았지만 그중에서도 돋보인다. 가운데 정원에 중심을 잡고 서 있는 거대한 나무와 그 아래 동그란 인조 호수에, 둘러싼 건물에서 나오는 빛이 반사되어 은은하고 환상적이다. 첫인상의 감탄에서 벗어나 찬찬히 둘러보면, 한쪽에는 바가 있고 나머지 삼면에는 외부와 차단되어 개인적인 공간으로 활용 가능한 방들이 보인다. '디자이너스 살롱'이라고 부제가 붙은 가게 이름은 이 공간을 가리킨다. 내부마다 벽화와 조형물을 활용해 고급스럽지만 따뜻하게 꾸며 놓았다. 유리문으로 한 번 차단되어 들릴 듯 말 듯 웅얼거리는 말소리, 웃음소리와 어둑한 빛이 물결 위로 일렁이는 몽환적 분위기에

제대로 감상을 하기도, 술을 마시기도 전에 이미 취해버린 느낌이다. 혼자나 두 명 정도의 소규모로 왔다면 '바'로 향하면 되고, 더욱 규모가 크다면 '방'으로 가도 좋다. 방을 사용할 경우 1,000위안 이상의 술을 시켜야 하는데, 고급 위스키를 다루는 곳이라 각 두 잔씩만 마셔도 그 가격을 훌쩍 넘긴다.

싱글 몰트 위스키, 와인, 칵테일이 주요 메뉴다. 독주가 어려워서 맥주를 마시고 싶다면 외부의 다른 가게에서 친절하게 구해준다. 칵테일은 따로 메뉴는 없고 취향을 이야기하면 거기에 맞춰서 만들어준다. 여기서 일하는 여성 바텐더 리동옌(Li Dongyan)은 일본에서 10년 넘게 공부하고 바텐더 챔피언십에서 수상한 경력이 있다. 보유한 위스키의 종류가 굉장히 많아서 무엇을 찾든 웬만한 것은 다 있다. 잘 모른다면 위스키 취향에 따라 추천을 받아보자. 주문하기 전 테이스팅을 부탁할 수도 있다.

고급스러운 분위기에 맞게 서비스도 굉장히 세심하다. 방문 시 받는 따뜻한 타월을 비롯해 무엇을 요구하기도 전에 필요한 것을 미리 알아차리고 가져다 주는 센스. 일어서려고 하면 어느새 뒤에서 의자를 빼주는 웨이터에 감동하게 된다. 반쯤은 술에, 반쯤은 분위기에 한껏 취해 따뜻한 기운이 오르는 곳이다.

북경의 밤에 취하다

Info

Modernista

동청취 바오차오 후통 44호
东城区宝钞胡同44号
dongchengqu baochaohutong sishisihao

(+86) 158-1093-7206

18:00–26:00 (월–일)

Modernista
http://www.dianping.com/shop/5587644

DDC

동청취 샨라오 후통 14호
东城区山老胡同14号
dongchengqu shanlaohutong shisihao

(+86) 10-6407-8969

14:00–25:00 (월–일)

黄昏黎明俱乐部 (pinyin으로 huanghunliming을 쓰면 자동으로 바뀌는 한자를 클릭하면 된다)
http://www.dianping.com/shop/18567408

Dada

동청취 구로우 동다지에 206호 B동 1층
东城区鼓楼东大街206号B栋1层
dongchengqu gulou dongdajie erbailingliu hao B dong yi ceng

(+86) 183-1108-0818

21:00–29:00 (월–일)

DADA酒吧 (pinyin으로 DADAjiuba를 쓰면 자동으로 바뀌는 한자를 클릭하면 된다)
http://www.dianping.com/shop/6146554

Temple

동청취 구로우 동다지에 206호 B동 2층
东城区鼓楼东大街206号B栋 2层
dongchengqu gulou dongdajie erbailingliu hao B dong er ceng

(+86) 134-2607-0554

19:00-29:00 (월–일)

Temple bar
http://www.dianping.com/shop/6024895

/

Modernista, DDC, Dada, Temple

북경의 뜨거운 밤과 흥겨운 음악을 책임지는 클럽들

테이블에서 양주 세트를 주문할 때마다 축하 송이 나오며 조명이 켜지는 탓에 디제이의 흐름은 끊기고, 다들 앉아서 노는 북경 대표 클럽촌 공티(工体, Worker's Stadium을 줄여 부르는 말)의 분위기에 혼자서 몸을 흔들려니 흥이 나지 않는다면, 후통에 자리 잡은 몇몇 음악 바가 찾던 장소에 가까울지도 모른다.

공티에 있는 클럽들에 비해 규모나 인테리어 면에서 번쩍번쩍함은 떨어지지만, 그만큼 무대와 스피커, 플로어를 메운 사람들의 간격은 좁다. 지하철이라면 짜증이 났겠지만 형형색색의 조명과 바닥을 울리는 스피커가 채운 불타는 금요일에는 분위기를 올려주기 딱 좋은 간격이다.

재즈, 스윙, 블루스 등의 라이브 뮤지션을 세우는 모더니스타, 인디 록과 펑크를 넘나드는 DDC, 북경 DJ들의 꿈의 무대라는 DADA, 그리고 라이브 일렉트로닉으로 채운 Temple 등 취향과 기분에 따라 마음껏 몸을 흔들 수 있다. 북경 로컬 그룹, 중국의 유명 밴드, 해외의 이름난 뮤지션들까지 다양한 아티스트들을 초대해 신나는 금요일과 토요일 밤을 책임진다. 모두 후통 거리에 꽤 가까이 위치해 있어서 기분에 따라 이곳저곳을 드나들기도 좋다.
술은 와인, 칵테일, 맥주, 하드 리큐어 등 종류별로 갖추고 있다. 분위기에 맞춰 기분을 내기 위해 마시기 적합하다. 안주도 있지만 배가 고프다면 에너지를 한껏 분출한 뒤, 허기진 새벽의 방랑자들을 위해 등장하는 길거리의 지엔빙(煎饼, jiānbǐng, 얇은 반죽 안에 소시지와 튀김을 넣고 싼 중국식 전병)에 도전해볼 만하다. 새벽 두 시 반, 택시를 기다리며 길가에 서서 먹는 지엔빙은 세상 최고의 맛이니까.

*사진은 모더니스타

Info

차오양취 지우샨치아오 22호 동위지우디엔 1동
朝阳区酒仙桥路22号东隅酒店1层
chaoyangqu jiuxianqiaolu ershierhao dongyujiudian 1cheng

(+86) 10-8414-9810

17:00–24:00 (월–금), 14:00–24:00 (토, 일)

Xian 酒吧
http://www.dianping.com/shop/6454971

Cosmopolitan, 시그니처 칵테일 Thymless Passion

Xian Bar

감미로운 라이브 밴드의 공연을 즐길 수 있는 호텔 라운지 바

밤새도록 북적일 것만 같은 첫인상과는 달리, 해가 지면 곧 문을 닫고 조용해지는 798의 분위기에 당황했다면 근처의 Xian Bar로 자리를 옮겨 이대로 끝내기엔 너무 이른 밤을 길게 연장해도 좋다. Xian Bar는 인디고 쇼핑몰(Indigo, 颐堤港, yídīgǎng)에 위치한 이스트 호텔(East Hotel)의 바로, 이 지역에서는 가장 큰 술집 중 하나다. 이름의 유래는 술의 신이라는 뜻의 지우시엔(酒仙, jiǔxiān)에서 따온 Xian이다. 거대한 두 층의 실내와 바깥의 테라스 곳곳에 위치한 여러 개의 바에서 위스키부터 칵테일, 와인까지 다양한 술을 취급한다. 2017년부터는 '크래프트 컨테이너'라는 콘셉트로 야외에 컨테이너 박스를 개조해 만든 부스에서 다양한 크래프트 맥주를 제공하는 바 속의 바를 만들어 한층 더 다채로워졌다.

워낙 큰 공간이다 보니 자리에 따라 분위기가 많이 달라진다. 1층의 실내 무대에서는 화요일부터 토요일까지 라이브 밴드가 공연하고, 2층으로 올라가면 조용한 자리에서 개인적인 시간을 즐길 수 있다. 야외 공간도 꽤 크다. 한 편의 크래프트 컨테이너 근처는 자유롭고 시끌벅적하게 맥주를 마시는 분위기라면, 반대편으로 가면 크고 편안한 소파에서 칵테일을 즐기는 리조트 느낌이 난다.

큰 공간이 가진 장점을 십분 활용해 다양한 행사를 열기도 하고, 대관하기도 한다. 방문한 날에는 〈맥주 올림픽〉이 열려서 사람들이 모여 다양한 게임을 즐기고 있었다. 모르면 모르는 대로 그대로 지나가 버리지만 조금만 관심을 기울이면 크고 작은 이벤트가 끊이지 않는 도시, 바로 북경이다.

북경의 밤에 취하다

ICE COLD
Beer
SOLD HERE
BEER
COLD
BEER
HERE!

장소에 따라 가보는 지도 맵

싼리툰
三里屯 Sānlǐtún
Liangmaqiao
Zaoying
Cafe C5
Chaoyang park
Dongzhimen
Agricultural
Exhibition Center
Herbal
Jing A
Pinball liquors
Little Creatures
오피스텔바
Hidden house
La social
Cinker Pictures
Dongsishitiao
Bracket Coffee
Tuanjiehu
Tienstiens
Doko Bar
Beijing Workers
Sports Complex
Tuanjiehu park
Chaoyangmen
Dongdaqiao
Hujialou

CBD
Friends Cafe
The Place
Jintaixizhao
CCTV
Ritan Park
Beersmith Gastropub
Louis Vuitton Museum
China World Mall
Guomao
Yong'anli

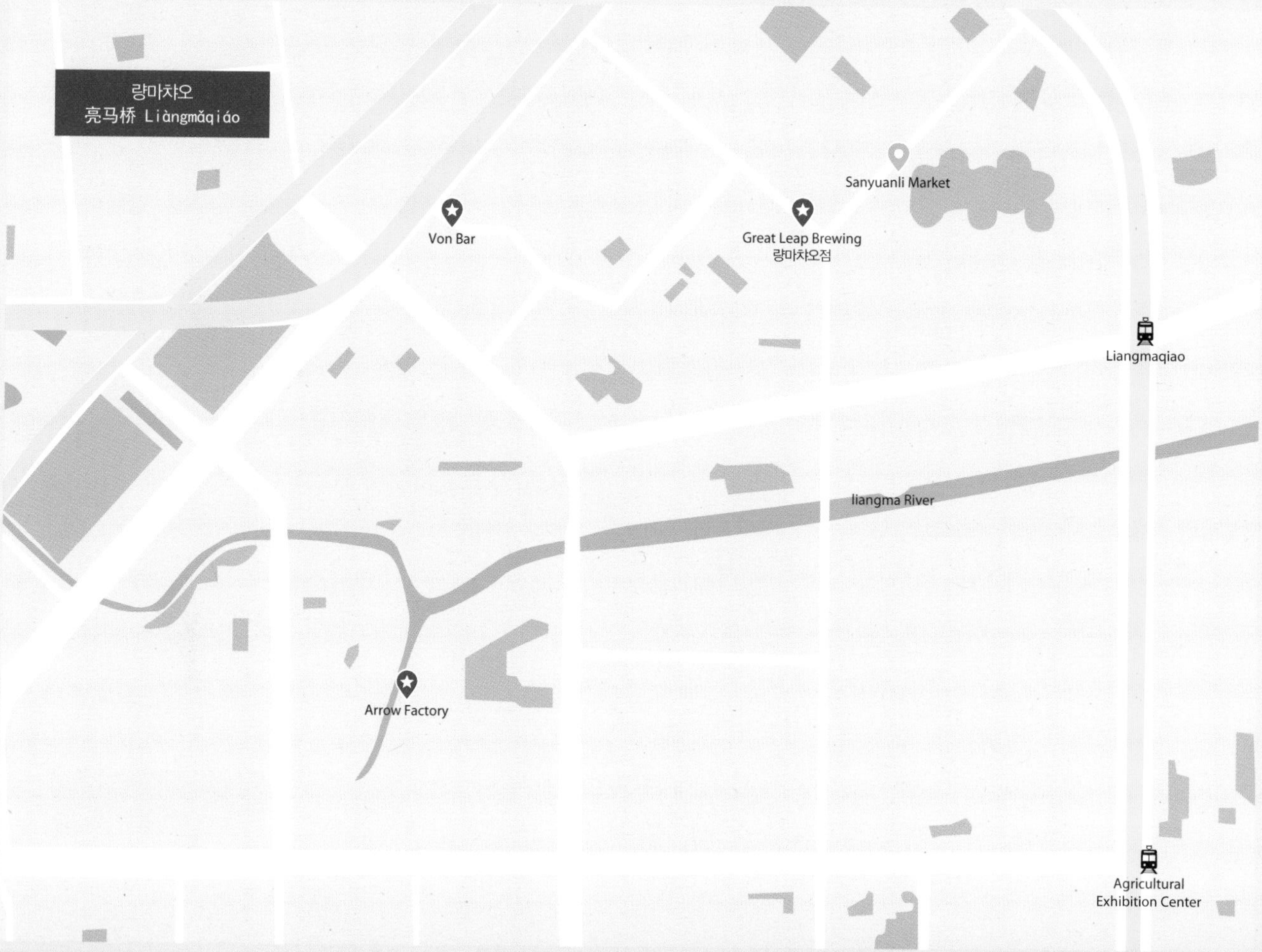

량마차오
亮马桥 Liàngmǎqiáo
Von Bar
Great Leap Brewing
량마차오점
Sanyuanli Market
Liangmaqiao
liangma River
Arrow Factory
Agricultural
Exhibition Center

후통
胡同 Hútòng
Qingnianhu
Ditan Park
The Corner
Beibinhe Park
Metal Hands
Gulou Street
안딩먼 역
He Kitchen&co.
Yonghegong
Yonghegung
(Lama Temple)
Modernista
Toast at the orchid
shuangcheng
kafeiting
Peiping
Machine
Silence Coffee
Nanguan Park
qishengchashi
DaDa, Temple
Beixinqiao
Nuoyan Rice Wine
Shichahai
Great Leap
Brewing
Capital Spirits
MMC
Beihai North
Huangchenggen
Relics Park
Zhangzizhong Road
DDC
Beihai Botanical
Park

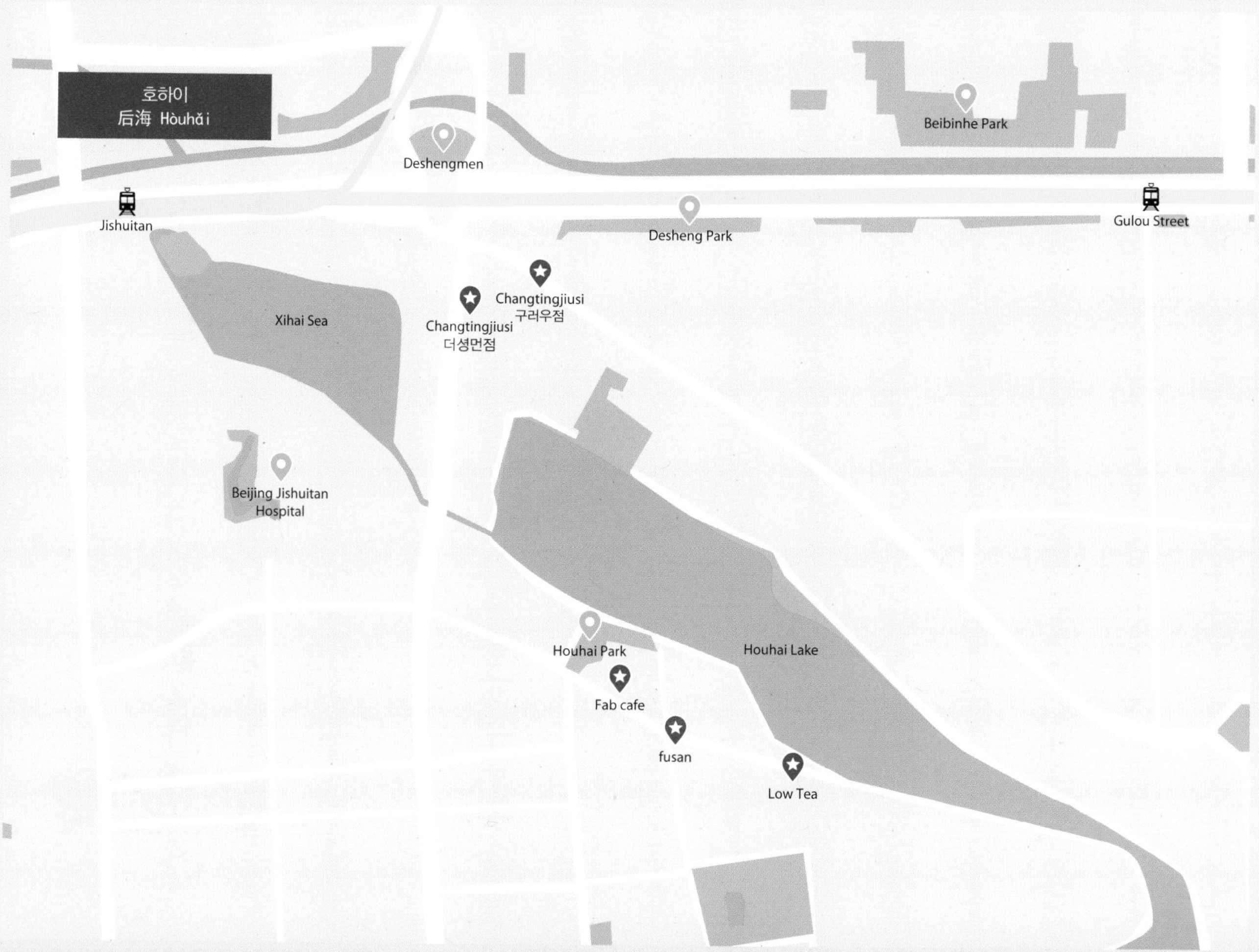
호하이
后海 Hòuhǎi
Deshengmen
Beibinhe Park
Jishuitan
Desheng Park
Gulou Street
Xihai Sea
Changtingjiusi
구러우점
Changtingjiusi
더셩먼점
Beijing Jishuitan
Hospital
Houhai Park
Houhai Lake
Fab cafe
fusan
Low Tea

치엔먼
前门 Qiánmén
Southern Sea
Zhongshan
Park
Tiananmen
시단 역
Tian'anmen West
Tian'anmen East
Wangfujing
Xuanwumen
Hepingmen
Qianmen
Cafe & Meal Muji
The Soloist
Meeting Someone
Yan Whiskey Bar
Qiaowan
Zhushikou

798 예술구
798 Art District

Wangjing South
At Cafe
798 Art Zone
Voyage Coffee
27 Cafe
Side Park
Indigo Mall
Jiangtai
Jiangfu Park
Xian Bar
Bahe River